SOUVENIRS DU VOYAGE

À

SAINTE-HÉLENE.

Imp. de Felix Locquin, rue N.-Dame-des Victoires, 16

SOUVENIRS DU VOYAGE

À

SAINTE-HÉLÈNE

PAR

M. L'ABBÉ F. COQUEREAU,

CHANOINE,

AUMÔNIER DE L'EXPÉDITION, CHEVALIER DE LA LÉGION-D'HONNEUR.

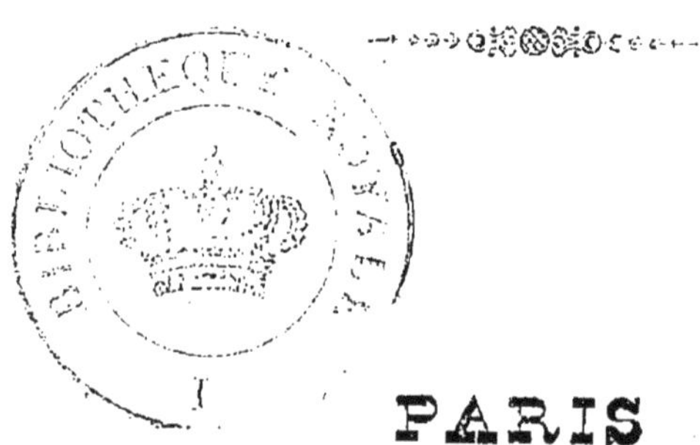

PARIS

H. L. DELLOYE, ÉDITEUR

13, PLACE DE LA BOURSE

1841

I.

TOULON.

Ma première intention avait été de ne rien écrire sur la campagne : mais mieux inspiré, j'acquitte aujourd'hui un devoir de reconnaissance.

Je devais l'expression de mes souvenirs à ceux dont l'active bienveillance m'avait mis dans la position si enviée d'aller les recueillir.

SOUVENIRS

DU

VOYAGE A SAINTE-HÉLÈNE.

Le 12 mai 1840, au milieu de la discussion d'un projet de loi d'intérêt général, M. de Rémusat, ministre de l'intérieur, demanda la parole pour une communication du gouvernement :

Messieurs, dit-il,

Le roi a ordonné à S. A. R. Monseigneur le prince de Joinville de se rendre avec sa frégate à l'île de Sainte-Hélène (Mouvement général), pour y recueillir les restes mortels de l'empereur Napoléon. (Applaudissements.)

Nous venons vous demander les moyens de les recevoir dignement sur la terre de France et d'élever à Napoléon son dernier tombeau. (Acclamations.)

Le gouvernement, jaloux d'accomplir un devoir national, s'est adressé à l'Angleterre et lui a demandé le précieux dépôt que la fortune avait remis dans ses mains. A peine exprimée, la pensée de la France a été accueillie. Voici les paroles de notre magnanime alliée :

« Le gouvernement de S. M. britannique espère que
» la promptitude de sa réponse sera considérée en
» France comme une preuve de son désir d'effacer
» jusqu'à la dernière trace de ces animosités nationales
» qui, pendant la vie de l'Empereur, armèrent l'une
» contre l'autre, la France et l'Angleterre. Le gouver-
» nement de S. M. britannique aime à croire que si
» de pareils sentiments existent encore quelque part,
» ils seront ensevelis dans la tombe où les restes de
» Napoléon vont être déposés. »

L'Angleterre a raison, Messieurs ; cette noble restitution resserre encore les liens qui nous unissent. Elle achève de faire disparaître les traces douloureuses du passé. Le temps est venu où les deux nations ne doivent plus se souvenir que de leur gloire.

La frégate chargée des restes mortels de Napoléon, se présentera au retour à l'embouchure de la Seine. Un autre bâtiment les rapportera jusqu'à Paris. Ils seront déposés aux Invalides. Une cérémonie solennelle, une grande pompe religieuse et militaire inaugurera le tombeau qui doit les garder à jamais.

Il importe en effet, Messieurs, à la majesté d'un tel souvenir, que cette sépulture auguste ne demeure pas exposée sur une place publique, au milieu d'une foule bruyante et distraite. Il convient qu'elle soit placée dans un lieu silencieux et sacré, où puissent la visiter avec recueillement tous ceux qui respectent la gloire et le génie, la grandeur et l'infortune.

Il fut empereur et roi; il fut souverain légitime de notre pays. A ce titre il pourrait être inhumé à Saint-Denis; *mais il ne faut pas à Napoléon la sépulture ordinaire des rois*. Il faut qu'il règne et commande encore dans l'enceinte où vont se reposer les soldats de la patrie et où iront toujours s'inspirer ceux qui seront appelés à la défendre. Son épée sera déposée sur sa tombe.

L'art élèvera sous le dôme, au milieu du temple consacré par la religion au Dieu des armées, un tombeau digne, s'il se peut, du nom qui doit y être gravé.

Ce monument doit avoir une beauté simple, des formes grandes, et cet aspect de solidité inébranlable qui semble braver l'action du temps. Il faudrait à Napoléon un monument durable comme sa mémoire.

Le crédit que nous venons demander aux chambres a pour objet la translation aux Invalides, la cérémonie funéraire, la construction du tombeau.

Nous ne doutons pas, Messieurs, que la chambre ne s'associe avec une émotion patriotique à la pensée royale que nous venons d'exprimer devant elle. Désormais la France, et la France seule, possèdera tout ce qui reste de Napoléon. Son tombeau, comme sa mémoire, n'appartiendra à personne qu'à son pays. La monarchie de 1830 est en effet l'unique et légitime héritière de tous les souvenirs dont la France s'énorgueillit. Il lui appartenait sans doute, à cette monarchie, qui, la première, a rallié toutes les forces et concilié tous les vœux de la révolution française, d'élever et d'honorer sans crainte la statue et la tombe d'un héros populaire; car il y a une chose, une seule, qui ne redoute par la comparaison avec la gloire, c'est la liberté.

PROJET DE LOI.

Art. 1er. Il est ouvert au ministre de l'intérieur, sur l'exercice de 1840, un crédit spécial de un million, pour la translation des restes mortels de l'empereur Napoléon à l'église des Invalides, et pour la construction de son tombeau.

2. Il sera pourvu à la dépense autorisée par la présente loi, au moyen des ressources accordées par la loi des finances du 10 août 1840, pour les besoins de l'exercice 1840.

Donné au palais des Tuileries, le 12 mai, 1840.

De longs applaudissements couvrirent à diverses reprises la voix du ministre; une émotion vraie s'empara de la chambre dont la séance demeura longtemps suspendue. Un honorable membre proposa le vote du projet de loi par acclamation : un autre voulait qu'immédiatement la séance fût levée, afin que rien ne pût affaiblir, même un moment, l'impression causée par une si grande nouvelle.

Bientôt Paris, bientôt la France entière l'apprit et renvoya à la chambre l'écho de ses applaudissements, au roi l'expression respectueuse et sincère de sa gratitude. C'est que cet événement était vraiment grand et national; c'était le désir réalisé de tout ce qui était sincèrement Français! Napoléon avait donné à la France les pages les plus merveilleuses de son histoire, si grande déjà! Maintenant que vingt années de silence se sont faites autour de son cercueil, la vérité a pu se produire; et jugé par elle, avec la double couronne de sa gloire et de ses malheurs, la grandeur même de ses fautes, Napoléon est demeuré ce qu'il est réellement, l'intelligence la plus vaste, le caractère le plus élevé, l'homme le plus prodigieux que l'humanité puisse montrer en déroulant ses fastes. Voyez-le en face des faits : C'est la ressource pour chaque besoin nouveau, la satisfaction à chaque exigence nouvelle, sans que les larges plans qu'il forme pour l'avenir soient troublés par ces préoccupations du moment : le terrain que la Providence, dont il est éminemment l'homme, lui donne à travailler, s'agite dans des convulsions incessantes; et il posera son génie comme une barrière d'airain au pied de laquelle frémira d'abord, puis s'apaisera la lave des passions populaires. Si, au milieu de son travail, l'extérieur veut lui imposer des entraves, il les brisera avec son épée; avec son épée ainsi faite que cent batailles n'auraient pu en émousser le tranchant, si Dieu n'y avait lui-même mis la main, le jour où son instrument eût accompli son œuvre. Sans doute de graves erreurs marqueront son passage, mais de quelque point de vue qu'on veuille se placer, de quelque manière qu'on veuille apprécier cet homme et le régime qu'il imposa à la France, il restera toujours, ou assez de gloire pour dissimuler, en les couvrant de son brillant manteau, les erreurs inséparables de toute condition exceptionnelle, ou assez de malheurs grandement supportés pour les faire pardonner. Aussi l'on peut le dire, sauf quelques malheureuses organisations à qui le sens de ce qui est juste et louable semble avoir été refusé, tous applaudirent à ce projet du gouvernement du roi; c'était dire qu'il n'y a point ici bas de jugement irréformable, et que pour tous ceux que les épreuves de la Providence ou les mauvais vouloirs des partis peuvent atteindre, viennent enfin les jours des grandes réparations.

Ce noble projet, dont le roi demandait la réalisation à la chambre, ne pouvait surprendre personne.

Il était, comme nous l'avons dit, national ; c' sez pour qu'il fût conçu par celui qui avait monument *à toutes les gloires de la nation.* Le sur le palais du grand roi, s'était lu cette insc le jour où toutes les illustrations de France, d commencement de la monarchie jusqu'à nos avaient pu se rencontrer, se confondre et se dans cet Élysée de marbre et d'or, leurs haut brillants joyaux dont ils avaient enrichi sa co ce jour là, le roi avait rappelé de l'exil des glorieuses; ce jour là, il avait acquis de n droits à la reconnaissance du pays.

La chambre répondit bientôt à l'attente géné le 10 juin 1840, une loi ordonnait la translat restes mortels de l'empereur Napoléon, de l'île Hélène à l'église de l'hôtel royal des Invalides construction de son tombeau aux frais de l'Ét Altesse Royale Monseigneur le prince de Joinvi vait commander l'expédition; ce choix disait asse la part que le roi voulait y prendre, et de quel nière il entendait payer à l'illustre dépouille s de l'hommage national.

Le prince de Joinville, depuis neuf années,

attaché son nom à toutes nos expéditions maritimes. Compagnon de gloire et de périls de nos braves marins, qui se connaissent en dévoûment et en fatigues, il avait bien mérité cette mission : leurs voix l'avaient désigné au ministre. En le voyant obéir, ils l'avaient jugé digne de commander. L'honneur du pavillon impérial arboré sur sa frégate reposait en des mains sûres. Devant le pays, à Saint-Jean-d'Ulloa, à la Véra-Crux, le jeune commandant avait produit ses preuves. Deux bâtiments de guerre furent mis sous ses ordres : la *Belle-Poule*, de 60 canons, qu'il avait déjà commandée dans le Levant, et la corvette la *Favorite*.

L'expédition une fois résolue, ce fut à qui y prendrait part : les réclamations devinrent générales, tous voulaient voir le rocher fameux, respirer à Longwood, toucher la terre du tombeau et suivre le deuil pendant les quatre mille lieues du trajet; tous avaient des droits, disaient-ils; l'un avait reçu vingt blessures en défendant un aigle, un autre avait été proscrit, un troisième avait reçu les embrassements de l'Empereur dans un sublime adieu : tous voulaient aller briser ses chaînes, comme si tous avaient demandé à les partager. Ceux-ci seulement avaient des droits incontestables, aussi l'opinion publique les désigna Leurs noms n'ont pas besoin de commen actes pareils honorent plus qu'une phrase quelque belle qu'elle puisse être.

Ces Messieurs reçurent l'invitation de se ren lon, pour s'embarquer au jour qui serait fixé durent venir quatre vieux serviteurs de l'Emp ne l'avaient abandonné qu'alors que la derni de terre les avait séparés de lui. Pour la trois ils avaient demandé et obtenu de quitter la patrie, pour accomplir envers leur maître ce q laient encore un devoir. L'histoire, qui con les dévoûments, avait déjà récompensé en e lité, en écrivant dans ses pages les noms de Sa de Noverraz, de Pierron et d'Archambauld dix personnes, voilà tout ce qui restait de ce colonie que le malheur avait trouvée si héro fidèle. A l'exception de MM. Las-Cases père tholon, l'un qui n'était pas en France alor souffrant des infirmités qu'il avait rapporté exil volontaire, les *autres étaient morts*. Ho respect à leur mémoire!

Deux personnes seulement, qui n'avaient po

la terre de Sainte-Hélène, furent adjointes. commissaire nommé *ad hoc* par le roi, M. P Chabot, à vingt-quatre ans déjà secrétaire au poste le plus difficile, à Londres; l'autre, devait donner à la mission le caractère reli convenait, et exhumer et accompagner, a religion, les restes mortels de l'Empereur tien. J'avais été appelé à l'honneur de prêch fois devant une auguste personne : elle daig venir, et je fus nommé. Ma famille, du reste, ciée à la gloire de l'empire. Mon père avait se plus de trente ans; deux de mes oncles avaie au prix de leur sang, le grade de colonel, e était mort sur le champ de bataille. J'étais à lieues de Paris, ignorant toutes choses, dan je prêchais, quand une lettre m'apprit le ch m'avait honoré; on pressait mon départ, on disait-on, que la fin des préparatifs néce commande une longue traversée pour Déjà, depuis longtemps, l'assentiment, l'Angleterre pour rendre le corps de l'Empe parti : un bâtiment léger, le brick anglais la portait au gouverneur.

Bientôt je fus à Paris; là, je trouvai to

par une indisposition grave du prince de Jo
pus alors, dans deux audiences royales qui
accordées, remercier leurs majestés de la fa
spéciale dont j'avais été l'objet. Puis cette
visite de la reconnaissance et du devoir acq
pris, près de l'autorité civile et religieuse, m
tions. Je n'étonnerai personne en disant qu
vai chez M. le baron Roussin, ministre de
alors, tout ce qu'une intelligence supéri
donner de conseils éclairés et sages pour un
bien difficile et devenue exceptionnelle au
nos marins.

Monseigneur Afre venait d'être élevé sur le
chiépiscopal de Paris.

Le roi, par cette nomination, s'était associ
tice que lui avaient rendue ses propres pairs
avaient déféré le gouvernement de l'église
aussitôt après la mort de son titulaire. Je m
près de lui : il me parla de mes nouveaux devoi
demandai rien de plus : pour les devoirs ordi
journaliers du prêtre, je pouvais regarder vin
de sa vie.

Mes instructions prises, rien ne me retenait plus à Paris. Le prince de Joinville était en pleine convalescence. J'avais eu l'honneur de lui être présenté, et en prenant congé, il m'avait dit : *A bientôt, M. l'abbé ; sous quelques jours je serai à Toulon.* Je partis donc sur le champ, afin de hâter par ma présence les travaux d'installation de la chapelle impériale à bord de la frégate.

Le 14 juin, au matin, les hautes montagnes qui dominent Toulon apparaissaient à mes regards. Dans le lointain, s'étendait la mer, sur laquelle je cherchais de toute la vivacité du désir, ma flottante demeure. Bientôt je contentai toute mon impatience : d'un point assez élevé je pus embrasser l'ensemble de cette belle rade ; elle présentait tout à la fois l'image du calme et du mouvement. Un assez grand nombre de bâtiments de guerre dormaient paisiblement à l'ancre, tandis que les coureurs de la Méditerranée, ces coursiers d'une nouvelle espèce, soufflant la fumée par leurs naseaux brûlants, soulevaient en grondant sous leur rapide sillage la poussière humide. L'un portait à notre brave armée d'Afrique les sympathies, les vœux de ses frères de France; l'autre, venant d'Afrique, répondait dignement à ses vœux en envoyant au pays de glorieux trophées conquis au prix du sang ; un troisième se faisait remarquer entre tous ; il bondissait sur les lames, un large pavillon se développait à sa corne, tandis que cent pavois aux mille couleurs se balançaient agités par la brise. C'était le paquebot de la Corse ; joyeux il partait ; il allait dire à une mère qu'après vingt-cinq années de proscription le corps de son enfant lui serait rendu. Tout cet ensemble et tous ces détails présentaient un ravissant spectacle. L'*Hercule*, avec ses cent canons, le *Généreux*, le *Trident*, le *Scipion*, le *Marengo*, réunis sur un même point, formaient une imposante escadre. Tous ces vaisseaux étaient dominés par l'*Océan* percé de cent vingt bouches à feu. Véritable citadelle flottante, il étalait avec orgueil sa forte membrure, qui écrasait le flot sous son poids et les pommes de sa mâture qui montaient jusqu'au ciel. L'*Océan*, je l'avais vu il y avait de cela quatre années, dans le port de Brest, démâté, triste, oublié, sans agrès ni voilure, il se reposait confiant dans sa force. Il savait bien qu'au premier bruit de guerre, sur son pont retentirait bien vite le bruit des marteaux et des haches ; les canons de gros calibre s'aligneraient dans sa triple batterie ; ses immenses ailes se gonfleraient sous l'effort des vents, et à l'extrémité de ses mâts flotterait un pavillon d'amiral : il portait alors celui du vice-amiral Rosamel. Pour varier et animer cette scène, à chaque instant, du flanc de ces immenses machines, se détachaient de légères embarcations, tantôt emportées à la voile par un souffle rapide, tantôt obéissant à l'effort de rameurs vigoureux, dont les courbes se dessinaient dans une régulière cadence : elles sillonnaient en tous sens la mer, la rade, le port, laissant entrevoir sur le tapis règlementaires de riches uniformes, depuis l'épaulette à gros grains de l'officier supérieur, jusqu'à l'aiguillette d'or de l'élève; les uns ayant les dignités et ce qu'elles donnent, les autres la jeunesse et tout ce qu'elle promet : que j'en ai connu qui demandaient l'échange !

Deux bâtiments de guerre ne paraissaient point prendre part à cette animation générale ; à l'écart, immobiles, solitaires, ils semblaient étrangers à tout ce qui se passait. Leur pavillon portait cependant les mêmes couleurs, c'était bien le pavillon de France; mais leur extérieur avait je ne sais quoi de lugubre et de solennel. L'œil, en les parcourant, ne rencontrait que de noirs emblèmes. Ainsi, à la place de cette écharpe blanche, ceinture de fête dont nos vaisseaux entourent leurs flancs pour marcher au combat, ils s'étaient drapés de deuil. Dans un canot qui avait accosté l'un d'eux, le plus fort, j'avais vu porter un aigle voilé de crêpe : j'avais devant moi la *Belle-Poule* et la *Favorite*!...

Deux heures après, j'étais à bord, présenté à l'état-major, dont l'accueil gracieux ne s'est pas démenti un instant pendant les cinq mois de notre navigation. N'étant pas marin, on ne me demandera pas la description d'un navire : c'est un labyrinthe de cordages, de poulies et de manœuvres où tout autre qu'un profès se perdrait. Je répéterai seulement, ce que partout j'entendais dire, que notre frégate était la plus belle de la marine. Grace aux bons soins du commandant, une chambre m'avait été réservée dans sa batterie : l'ouverture d'un sabord, dont on avait retiré le canon, me donnait les choses les plus précieuses à la mer : de l'air et du jour. Je pris aussitôt possession de mon appartement, en plaçant au dessus de mon secrétaire un petit Christ. Une chose m'occupait principalement; j'avais hâte de voir la chapelle, qui avait été disposée à grands frais : on m'y conduisit. La chapelle avait été construite dans le faux pont, sur l'emplacement qui se trouve situé entre le carré des officiers et le panneau de la cale au vin.

Elle pouvait avoir quatorze pieds de long sur onze de large; six pieds de hauteur du pont inférieur au pont supérieur; toute son ornementation était velours noir et argent. Du côté de l'arrière était situé l'autel, dont le devant était en velours, retenu par des filets d'argent; une croix relevée en bosse en marquait le milieu; l'autel avait sa garniture de six flambeaux et sa croix qui reposait sur le tabernacle; un tapis noir et blanc, formant damier, s'étendait sur le parquet, tandis que le plafond était caché sous un drap noir. Les parois latérales et les portes doubles de l'avant et de l'arrière étaient recouvertes de velours semé d'étoiles formant trente-quatre panneaux séparés par des torsades d'argent : dans toute la hauteur régnait un long cordon, d'où descendaient de petits glands, au nombre de quatorze; vingt-quatre autres, de la plus grande richesse et de la plus grande dimension, divisaient de trois en trois les panneaux. Cinquante-deux bougies, supportées par quatre ifs, devaient éclairer cette enceinte, et deux cassolettes, suspendues entre ces ifs, laisser échapper incessamment la fumée de l'encens. La chapelle s'ouvrait par ces deux portes doubles dont nous avons parlé, et donnait ainsi facilité à l'état-major, rangé dans le carré, et à l'équipage, groupé dans le faux-pont, d'assister à la célébration du saint mystère. Le cercueil impérial devant occuper une très large place, l'entrée du sanctuaire me fut exclusivement réservée.

Un cénotaphe, destiné à renfermer le cercueil, avait été exécuté par les soins de M. Vincent, ingénieur distingué du port de Toulon. Sur les quatre faces du monument, on avait représenté des signes emblématiques rappelant les grandes choses de l'empire ; sur une des faces latérales, entourée d'attributs guerriers, de canons et d'affûts, de tambours et de caissons, de drapeaux et d'aigles, la muse de l'histoire écrivait d'immortelles campagnes ; dans le fond, se dessinait, en spirale d'airain, la colonne ; sur la face opposée, assise sur un lion couché, symbole de la force, au milieu d'objets d'arts, de pinceaux et de compas, de chevalets et de torses, de lyres couronnées et de sphères célestes, la France tenait en main le code Napoléon ; dans le lointain, levant le front au dessus des nuages, apparaissait l'arc de l'Étoile, ce livre immense de granit où sont inscrits à jamais et le nom et la gloire de nos braves; sur les deux autres faces, plus petites que les premières, se distinguait, sur l'une, une large croix d'honneur, et sur celle tournée vers l'autel, le souvenir du concordat, exprimé par la figure de la Religion, tenant d'une main la croix, de l'autre le livre des Saints-Evangiles. Quatre aigles dorés veillaient aux coins du monument, parsemé, dans toute son étendue, d'abeilles d'or, et surmonté du chiffre, de la couronne, et du globe impérial. Cet ensemble était imposant; la forme était noble et sévère; l'exécution heureuse; les détails en harmonie avec la pensée dont ils étaient l'expression. Et cependant il fallut y renoncer : Paris avait envoyé des mesures inexactes; le cercueil d'ébène et son enveloppe de chêne se trouvèrent trop grands; le cénotaphe fut retiré à regret, et le cercueil dut demeurer seulement recouvert, pendant la première traversée, d'un immense drap de velours noir, bordé d'un galon d'or, et traversé dans sa longueur et sa largeur d'une large bande de satin blanc; à la tête fut placée la couronne, aux coins les aigles.

Aucun détail ne manquant plus à la chapelle, il

fallut procéder à sa bénédiction. Mgr. Michel, évêque de Fréjus, était alors à Toulon, en visite épiscopale; je pris ses ordres, ou pour mieux dire, je le suppliai de vouloir bien faire lui-même cette cérémonie : il me semblait convenable qu'un pontife bénît le lieu où reposerait le corps de celui que le pontife des pontifes avait couronné : je fus assez heureux pour voir agréer ma demande, et le lundi, 22 juin, fut fixé pour la célébration du premier acte religieux de la mission.

A une heure, deux embarcations commandées par des élèves, vinrent à la cale prendre le prélat qu'accompagnait un assez nombreux clergé; à la foule qui se pressait sur ses pas, je pouvais deviner combien de souvenirs il avait laissés dans Toulon, dont il avait été si longtemps le pasteur. Placé près de lui dans le canot, je lui montrais du doigt la *Belle-Poule* que j'appelais ma cathédrale, à moi; je lui faisais admirer sa nef élégante avec ses gracieuses courbures, les flèches élancées de ses mâts, la triple croix formée par ses vergues et les soixante embrasures par lesquelles, dans ses jours de fête, le bronze enflammé agitait l'air dans ses rapides et sonores volées. Le bon vieillard souriait doucement en m'écoutant : à quatre-vingts ans, à mon âge, me disait-il, en poursuivant mon image, on aime mieux un parquet moins mobile et des tournées épiscopales moins longues; je ne changerais pas avec vous, M. l'abbé. Ainsi causant, nous avions accosté le bas de l'échelle de commandement; je montai le premier pour lui offrir le secours de ma main. Arrivé sur le pont, l'état-major, rangé en haie, reçut le prélat. Les honneurs de la frégate lui furent faits par M. Charner, capitaine de corvette, officier du plus grand mérite, commandant en second. Après s'être reposé un instant dans l'appartement du prince, revêtu de ses habits pontificaux, Monseigneur descendit dans le faux-pont, suivi de tous les officiers qui se rangèrent dans leur carré, et assisté par M. Cordouan, curé de Toulon, et par moi, il prononça les prières par lesquelles l'église catholique consacre spécialement les lieux destinés à la célébration des divins mystères. Remonté sur le pont, je le priai de faire descendre, sur nous tous qui allions braver et dangers et fatigues, la bénédiction du pontife et du Père. Je n'oublierai de ma vie cette scène; elle m'a causé une émotion si consolante et si douce! tout y prêtait, il faut le dire; cinq cents hommes tête nue et groupés sur l'avant; à l'arrière, d'un côté, un état-major pressé d'officiers de terre et de mer avec leurs riches uniformes ; de l'autre, un grand nombre de dames venues de tout point, étalant leurs brillantes toilettes, véritables corbeilles de plumes et de fleurs; au milieu, le prêtre avec sa couronne de cheveux blancs, cette auréole si belle qui rayonne sur la tête du vieillard : tout cela sur une mer calme et sous un ciel de Provence. Jugez si l'ame avait peine à oublier la terre et à monter vers Dieu ; et quand, élevant lentement ses mains vers le ciel, il les abaissa ensuite pour bénir, tous, sans commandement, par un mouvement électrique, se prosternèrent, et l'on n'entendit plus que la voix grave de la prière à laquelle une musique suave mêlait ses religieuses harmonies. Je l'avoue, je me relevai heureux : le sentiment chrétien ne faisait que dormir au fond de toutes ces ames; un mot, une chose, une scène, un souvenir, le réveillerait toujours.

La cérémonie terminée, Mgr de Fréjus se retira, les honneurs militaires lui furent rendus ; la musique, placée sur la dunette, éclata en fanfares soutenues par les basses graves et solennelles du canon.

Cependant le temps marchait, l'époque du départ se

faisait prochaine. Déjà de Paris nous avions reçu les objets que le ministre de l'intérieur avait crus nécessaires pour le voyage et l'exhumation; l'administration des pompes funèbres avait envoyé son sarcophage d'ébène et son velours violet brodé d'or, dernier manteau des empereurs. Tous les jours on signalait l'arrivée de quelques-unes des personnes désignées pour l'embarquement. Déjà s'étaient rendus les vieux serviteurs; déjà le jeune Arthur Bertrand, né à Ste-Hélène, qui devait accompagner son noble père, pauvre enfant qui avait mangé pour première nourriture le pain si dur de l'exil. Tous les jours, le peuple de Toulon se pressait sur les pas de ces nouveaux débarqués que leur dévouement avait rendus historiques; un matin, c'était M. Marchand, l'un des exécuteurs testamentaires de son maître; un soir, M. de Las Cazes fils, aujourd'hui député, qui, après avoir partagé avec son père les rudes épreuves du dévouement, en avait réclamé pour lui seul la dernière expression. Puis le grand maréchal, dont il nous sera bien difficile de parler : c'est chose si embarrassante, pour l'écrivain, d'avoir à varier constamment la louange.

Enfin le lundi, 6 juillet, au matin, un air de fête

répandu dans Toulon annonçait l'arrivée de S. A. R. Monseigneur le prince de Joinville, capitaine de vaisseau, commandant en chef la division de Sainte-Hélène; il était accompagné de son aide-de-camp M. Hernoux, capitaine de vaisseau, membre de la Chambre des députés, et chef d'état-major de l'expédition. M. Hernoux était ce député qui, entraîné par cet élan que tout noble cœur comprendra, avait demandé pour le projet de loi le vote par acclamation. C'est entre les mains d'un homme qui a une si haute intelligence de toutes les délicatesses de l'honneur national, que le Roi avait remis l'éducation maritime de son fils. Depuis longtemps déjà le maître a disparu, le dévouement intelligent de l'ami seul est resté. Dans la voiture du prince était encore le lieutenant-général baron Gourgaud, aide-de-camp du roi, que l'Empereur aimait tant à rencontrer sous sa main pour transmettre à ses colonnes ces ordres qui décidaient du sort des batailles. Puis enfin, M. Touchard, un des lieutenants de vaisseau les plus distingués de notre marine; le prince se l'était attaché comme officier d'ordonnance. Arrivé à 7 heures à Toulon, à 8 le jeune commandant était sur sa frégate faisant les dispositions d'un prochain appareillage; il avait refusé tous les honneurs dus à son rang.

Je suis ici capitaine de vaisseau, avait-il dit, *les règlements de marine accordent aux seuls amiraux le salut du canon?* Il était midi quand j'arrivai pour prendre ses ordres. *M. l'abbé, en quoi pourrai-je vous rendre agréable le séjour de la frégate?* telles furent ses premières paroles. Toutes les dispositions furent bientôt prises pour le départ; une seule personne nous retenait encore. M. le commissaire du roi, arrêté par la remise de ses instructions, n'avait pu rallier Toulon. La journée du 6 s'écoula dans l'attente; le 7 nous fûmes tous consignés à bord. Nous ne devions plus toucher la terre de France qu'au retour de notre lointain voyage.

Dans cette journée, rien n'annonçait encore que nous dussions partir, lorsqu'à six heures du soir on signale un canot de l'amirauté : dans la chambre est un jeune homme, sur l'avant des paquets et des malles; les derniers préparatifs sont faits aussitôt : c'était M. de Rohan-Chabot. Monté à bord, l'échelle de commandement est retirée, et une demi-heure après, à sept heures du soir, le prince, sur son banc de quart, donnait à la *Favorite* le signal du départ, et le porte-voix de commandement en main ordonnait les manœuvres de l'appareillage, que les sifflets aigus des seconds maîtres traduisaient aux matelots. Sur les dunettes des vaisseaux rangés autour de nous, et dont nous allions traverser la ligne, se tenaient debout, chapeau bas, de nombreux états-majors formant des vœux pour notre voyage, nous adressant de la main leurs adieux, en nous appelant les heureux, les privilégiés. Bientôt le cabestan cria sous l'action des barres, les vergues se couvrirent de matelots, et les voiles, dégagées de leurs liens, battirent, puis s'enflèrent sous l'effort du vent. Chose étrange ! enseignement admirable de la Providence ! nous partions pour chercher dans son aire, devenue son tombeau, le grand aigle ; nous partions des mêmes lieux où lui-même, quarante-cinq années avant, avait pris son vol.

II.

TRAVERSÉE.

Nous étions enfin partis. Une assez bonne brise de nord-ouest allait nous pousser rapidement hors de la rade : tous pressés sur la dunette, nous avions les regards attachés sur cette terre où nous laissions des affections, une mère, une sœur, des amis. Nous comprenions leur inquiétude, car le poète l'a dit, les vents sont incertains, la mer a ses caprices : aussi quelque vague tristesse se mêlait-elle à nos sourires ; d'universelles acclamations saluaient sans doute notre départ ; mais de là au retour que d'incidents pouvaient se produire! d'évènements surgir! nous partions en juillet, nous ne devions revenir qu'en décembre ; c'était plus de temps qu'il n'en fallait à l'homme que nous allions chercher pour terminer ces mémorables campagnes qui changeaient la face de l'Europe. Nous laissions derrière nous, et pendante, la question d'Orient. Le canon trancherait-il les fils que la diplomatie mêlait depuis des années dans d'inextricables nœuds. Quelle complication amènerait sa solution : tout demeurait réservé dans les secrets de Dieu, qui laisse les hommes s'agiter, et doucement fait son œuvre. Telles étaient mes pensées et quelques autres, lorsque le prince nous prévint que la monotonie du voyage serait rompue par d'agréables relâches : nous toucherions Malaga, Cadix, Madère, Ténériffe ; nous pousserions jusqu'au cap pour rabattre sur Sainte-Hélène ; ce fut un bravo général. Nous pourrions écrire à nos parents, à nos amis, et ne pas rester trop étranger aux affaires de la grande famille ; puis la traversée devenait moins pénible, le voyage varié, nos relations plus piquantes. Déjà nous avions doublé le cap *Scepée*, les deux forts qui balaient la route d'Italie, les forts Sainte-Catherine et Lartigue avaient disparu dans l'ombre : la nuit était venue, le lendemain nous devions être en vue des terres d'Espagne. Je descendis dans ma chambre ; aucun point ne s'apercevait plus à l'horizon : là je demandai à Dieu une seconde fois de bénir notre voyage. Je priai l'étoile de la mer, la douce Marie, de nous être propice, et de remplacer pour nous le manteau noir des tempêtes par l'azur rayonnant de son manteau bleu; puis, confiant et heureux, je m'endormis.

Le lendemain, nous étions par le travers des côtes de Catalogne; le golfe de Roses avait été traversé, le cap Bégu doublé : bientôt Barcelonne, Tarragone, Tortose, à l'embouchure de l'Ebre, Oropeza, les îlots des Columbrettres, Valence, Iviça, la dernière des Baléares, furent dépassés.

Le 12 juillet était un dimanche, j'avais hâte que ce jour arrivât, pour voir de quelle manière je pourrais célébrer la sainte messe; je savais que bien des fois il m'y faudrait renoncer, le vent, la mer, y feraient obstacle. Mais le 12, le ciel était magnifique, c'était un début heureux; nous courrions grand largue, et la frégate, appuyée par la presque totalité de ses voiles, n'avait qu'un mouvement peu sensible. Après avoir pris les ordres du commandant, je fis tout préparer dans la batterie. Telle était à peu près la disposition des lieux. A l'arrière, s'élevait un autel avec sa décoration ordinaire, ses flambeaux, ses cartons, son tabernacle surmonté d'une croix et une riche garniture de dentelles. Le pavillon danois, avec sa croix blanche sur écarlate, en faisait le fond; des tapis s'étendaient sur le pont. A quelque distance de l'autel, établi à babord, un triple rang de chaises était disposé pour le prince, son aide-de-camp, le commandant en second, son officier d'ordonnance, et les illustres passagers qui composaient la mission; de l'autre côté, l'état-major, une ligne de sentinelles formaient la haie, derrière laquelle se tenaient les tambours, la musique, enfin tout l'équipage, depuis le grand mât jusqu'à l'avant, le tout encadré par soixante canons montés sur leurs affûts. A onze heures, le tambour annonçait le saint sacrifice, il avait remplacé la sonnette d'usage; à l'élévation, il battit aux champs, et ce fut un moment à troubler délicieusement l'ame, que ce silence profond qui régnait partout. Sur le pont, où se tenait la bordée de manœuvre, tous se découvrirent, la brise seule parlait à la mer, la mer répondait à la brise, et qui eût compris leur langage nous eût traduit un sublime cantique. Après la communion, pendant que le prêtre récitait la prière pour le roi, la musique l'exécutait en suaves harmonies. Telle fut notre première messe à bord de la frégate. Le spectacle en fut imposant : l'auguste sacrifice, le lieu, la présence de Son Altesse Royale, des généraux, des députés, des officiers de l'équipage en tenue d'inspection et dans l'attitude la plus sévère, imprimaient à cette scène un caractère religieux qui réagissait sur tous. Beaucoup, je crois, désirèrent comme moi qu'elle pût se renouveler souvent.

Le 13 et 14 furent heureux : nous avions laissé derrière nous Alicante, Carthagène ; par une brise de 8 nœuds, les caps de Saint-Vincent de Palos, presque celui de Gates, avaient été doublés ; avec nos lunettes nous avions pu découvrir les côtes dentelées et couronnées de forteresses sarrazines des royaumes, jadis mauresques, de Valence, de Murcie et de Grenade. A l'aide de cette fée brillante, qui dore tout ce qu'elle touche, nous rebâtissions derrière les hautes montagnes qui bordent Véra, Alméria, Adra, Motril, Malaga que nous ne devions pas voir, une époque merveilleuse de géants et de chevaliers de carrousels, et de nobles dames. L'Alhambra s'était repeuplé, ses orangers miraient encore leurs fruits d'or dans ses bassins d'albâtre ; le sang ruisselait dans la fontaine aux lions. Tour à tour passaient sous nos yeux et Zégris et Abencerrages avec leurs flottantes banderolles. Puis c'étaient d'immenses champs de bataille, où les pieds heurtaient des tronçons d'épées et de cimeterres brisés, des aigrettes, des croissants enfouis dans une sanglante poussière. Là, l'or, les diamants, la soie des pavillons et des tentes; ici, le fer dans toute sa nudité: là, les images sensuelles des religions orientales; ici, la croix de bois avec ses clous et sa lance de fer : là, la vie rêvée; ici la vie véritable, c'est à dire l'épreuve. Souvenirs d'une grande épopée, pages sublimes d'un grand livre, où s'inscrivirent avec l'épée et des faits et des hommes: des faits; trois siècles de lutte, l'islamisme, la barbarie refoulée en Afrique, le croissant abattu sous la croix : des noms; Lara, Isabelle la catholique, le Cid.

Un mot me tira de mes rêveries. Nous n'allions plus à Malaga. La brise était favorable pour passer le détroit; y relâcher nous eût exposé, si les vents avaient changé à une trop longue croisière. Je donnai un regret à Malaga, à sa belle cathédrale, et le lendemain 15, à 8 heures du matin, j'y pensais à peine, absorbé que j'étais par la vue de Calpé et Abyla, les colonnes d'Hercule, ces deux extrêmes limites que le monde ancien avait fixées aux investigations humaines. Je ne pus m'empêcher de sourire ; j'étais au terme du monde, et 2 mille lieues me restaient encore à faire. Pauvres hommes que nous faisons, qui voulons donner à tout des limites, au monde, à la pensée, à la gloire. Qui de nous aurait jamais prévu Colomb, Bossuet, Napoléon ; à Dieu seul de dire *huc usque venies*, vous vous arrêterez là.

. . . .

A 11 heures du matin, nous donnâmes dans le détroit, filant douze nœuds malgré la résistance des courants. A midi, en montrant nos couleurs, nous répondîmes au salut du fort qui domine Gibraltar ; nous passions à 2 milles du rocher, ayant à babord le Mont aux singes et Ceuta, la ville africaine. Il était facile sur cette mer resserrée de se la représenter couverte de milliers de barques sarrazines, population flottante, allant demander à l'Europe un soleil moins chaud, une terre moins désolée, et trouvant aux plaines de la Murcie l'épée de Rodrigue ; aux champs de la Touraine, la hache d'armes de Charles Martel. Elles se doutaient bien peu que deux siècles plus tard, et depuis jusqu'à nos jours, devant le lys ou les couleurs, Saint Louis ou Bonaparte, au lieu d'envahir, il faudrait se défendre. Bientôt nous apparurent Algésiras et Trafalgar, images vivantes des grandes destinées humaines; aujourd'hui la gloire, demain le malheur : nous détournâmes la tête, Tanger se dessinait de l'autre côté à la pointe; le cap Spartel était doublé : un jour encore de brise soutenue, nous faisions notre première halte, nous étions à Cadix.

Le 16 au soir, nous apercevions ses feux. Nous courûmes des bords toute la nuit, et le 17 au matin, le brick français le *Voltigeur*, alors en station, saluait de 21 coups de canon le Prince devant Cadix. J'allais donc voir l'antique Gadès, la ville que, dans ses jours de puissance, Tyr, la reine de la Méditerranée, avait envoyé bâtir sur l'Océan. Que de ruines majestueuses j'allais parcourir ! Quels parfums d'antiquité j'allais respirer ! Je m'empressai de monter sur la dunette, je crus rêver. Au lieu de ces teintes indécises, de cet air grave et solennel des monuments que le temps a rongés et dont la mer en les battant emporte chaque jour un débris; j'avais sous les yeux une ville de vingt ans, avec tous les caprices de la jeunesse, ceignant d'une main, sous un rayon de soleil, la large écharpe blanche qui forme sa ceinture, de l'autre retenant dans une forte digue la mer, pour se mirer coquettement dans la transparence de ses ondes contraintes au repos. Cadix peut être âgée de trente siècles, mais Cadix ne peut vieillir. Il y a trop de limpidité et de clarté dans l'air, son soleil y est trop brillant, ses brises trop molles; elles caressent mais n'altèrent pas ses traits. Couchée nonchalamment, on peut le dire, entre deux mers, elle se délasse du calme de l'une par le spectacle des fureurs de l'autre. Entre les mains d'un maître fort, elle pourrait jeter son poids dans la balance; mais il lui faudrait s'agiter, prendre peine, jeter à la mer ses riches toilettes, ses dentelles de granit aux fins tissus mauresques, ses minarets d'Orient, ses terrasses de Palerme, ses orangers qui embaument ses brises; il lui faudrait le bruit des armes, et Cadix n'aime que le bruit des fêtes; il lui faudrait du mouvement, et Cadix n'aime que le repos. Non, Cadix vivra encore des siècles, et Cadix ne vieillira pas.

Bientôt je fus à terre. Notre départ de Toulon était connu : en voyant deux bâtiments de guerre français, on nous avait devinés; le journal du matin annonçait l'arrivée de S. A. R. Monseigneur le Prince de Joinville, commandant l'expédition qui se rendait à Sainte-Hélène.

Je ne décrirai pas une ville espagnole, on les connait assez par les tableaux des maîtres. Des rues étroites comme dans tous les pays où le soleil a plus de force, une propreté recherchée, des trottoirs en miniature; des maisons ornées ou dépourvues de terrasses, mais toutes d'une éclatante blancheur; des profusions de jalousies grillées, jaunes, vertes, bleues, légèrement relevées pour voir et n'être pas vu, et au travers desquelles des arbustes laissent passer leurs tiges odoriférantes; des églises, sauf la cathédrale, magnifique palais de marbre, monument du zèle de son saint évêque et de la charité des fidèles, des églises, dis-je, sans architecture extérieure, mais écrasées à l'intérieur par le poids des ornements d'or et d'argent, le plus souvent de mauvais goût; des couvents veufs de leurs hôtes, étalant tristement leurs murs à revêtissement de terre vernie et leurs longs cloîtres qu'habitent seulement aujourd'hui des légions de saints et de saintes, mortes légendes, dont la piété, aux temps de foi, aimait à s'entourer. Au coin de chaque rue, dans chaque maison, une image de la Vierge, la sainte madone, protectrice de la famille et du quartier. Dans le jour, une foule de mendiants croisant leurs guenilles avec les riches mantilles des nobles andalouses ; çà et là, debout, sous un soleil brûlant, quelques Hidalgos de la vieille roche, la tête couverte du sombreros, drapés fièrement de leur manteau et fumant silencieusement leurs pajitas ; au soir, les promenades aristocratiques de l'Almeida que baigne la mer et les cohues de la place San Antonio, les lueurs des cierges brûlant devant les madones, et les sons vagues et interrompus des nocturnes sérénades. Voilà le spectacle de tous les jours. C'est Cadix, c'est Séville, c'est l'Andalousie, c'est encore au milieu de ses effroyables luttes, toute l'Espagne, dit-on.

Nous restions trop peu de jours à Cadix pour m'occuper avec quelque fruit de son côté religieux et moral ; étranger, n'entendant ni ne parlant la langue, je pouvais tout voir mais rien approfondir, et le dehors si souvent est un masque cachant parfois le bien, parfois le mal, que je ne préjugerai rien de son extérieur religieux et mondain tout ensemble, de ses églises et de ses promenades alternativement remplies; car plaisirs et remords, fêtes étourdissantes et sévères expiations, voilà le cercle dans lequel sa population m'a semblé incessamment tourner.

Avant notre appareillage, notre frégate et la chapelle avaient reçu de nombreux visiteurs ; prêtres, peuple, cavaliers, dames, bacheliers et seigneurs, si encore en Espagne il y a des seigneurs, étaient accourus; tous voulaient voir, toucher le cercueil impérial : la mémoire de l'Empereur était là, vivante de tout son prestige, et pourtant. . . . .

Cet empressement du reste nous l'avons rencontré dans les îles africaines, Madère, Ténériffe, dans l'Amérique méridionale, au Brésil, à Bahia. Et la raison ? c'est que dans le monde, si quelque chose ressemble au soleil, c'est la gloire. Comme lui, elle rayonne partout où il y a des hommes.

Le 21 au matin, nous avions quitté Cadix, et le 24, nous étions devant Madère, une des îles que les anciens avaient appelées Fortunées, tant son climat est suave, ses brises parfumées, ses sites si élégamment distribués, si riches de végétation, qu'ils lui donnent assez l'apparence de ces magnifiques surtouts des tables aristocratiques où la pomme de Normandie heurte la pomme d'or des Hespérides, l'humble fraise de nos bois d'Europe le royal ananas à la tête couronnée d'un verdoyant panache.

En deux jours, il nous fallut tout voir, et l'intérieur de l'île avec ses coteaux sur les flancs desquels serpentent ces vignobles si justement fameux, et ces délicieuses maisons de campagne que l'or seul d'un Américain et d'un Anglais peut acquérir ou louer ; et Funchal, la ville principale, le palais du gouverneur qui domine la mer, ses couvents, son église avec sa chapelle du Saint Sacrement étincelante d'or, et sa sacristie dont les hauts lambris de bois artistement travaillés, découpés à jour, rappellent les chefs-d'œuvre du moyen âge, que la foi des fidèles attestait avoir été exécutés la nuit par des anges.

Le 26, un dimanche, nos deux bâtiments étaient sous voiles, et le 27 Ténériffe nous apparaissait avec ses noires montagnes, lave refroidie des feux sous-marins. On dirait en voyant ces masses énormes du côté de Santa-Cruz, que les lames de l'océan, un jour de tempête, se sont pétrifiées, tant elles sont onduleuses dans leur versant, élevées sur leur base et rudes d'aspérités à leur sommet.

Ténériffe a autre chose à montrer au voyageur que son pic, ce géant dont la tête annonce à quarante lieues en mer, comment Dieu en se jouant a semé le monde de merveilles ; Ténériffe est l'antique patrie des Guanches, ces peuples pasteurs disparus avec la conquête, et dont il faut aller chercher les traditions dans les anfractuosités des rochers, ou sous la lave amoncelée du volcan. L'ascension du pic que nous fîmes en quatre journées, nous permit de voir en courant Orotava assise dans une délicieuse vallée, et la Laguna, la ville épiscopale que rien ne recommanderait aux souvenirs, si dans sa cathédrale une chaire en marbre blanc, supportée sur les ailes déployées d'un séraphin, ne vous clouait au sol, tant le travail y est exquis, la pensée vivante, le sentiment religieux profond. Les quatre évangélistes la décorent. Un saint seulement a pu illuminer ainsi la figure de Saint Jean, et faire rayonner le front de l'ange.

Le samedi au soir, 1er août, nous revenions de notre ascension, brisés, moulus, soit de nos chutes de cheval, de nos journées passées sous un soleil d'Afrique ; de nos nuits sans sommeil, dans des posadas, vraies sœurs de celles décrites par Cervantes, ou même au grand air, entourés de brouillard, sur un lit de pierres-ponces, à onze mille pieds au-dessus du niveau de la mer. Le cratère du volcan fumait encore.

Le dimanche 2 août à midi, le canon des forts saluait notre appareillage, et le lendemain, favorisés d'une brise assez ronde, la dernière des Canaries était dépassée; le 20, la ligne franchie, les cérémonies burlesques du baptême d'usage terminées, et après avoir changé la route, le 28 août, à sept heures du soir, la division mouillait en rade de Bahia. Vingt-sept jours s'étaient écoulés depuis notre départ de Ténériffe, et sauf quelques grenasses assez violentes à l'attérage des côtes du Brésil, notre navigation avait été heureuse. Son A. R. malgré tout son désir de pousser jusqu'au Cap avait préféré cette relâche, craignant qu'une trop longue traversée ne fatiguât ses passagers; ce ne fut pas du reste, disons-le en passant, le seul sacrifice qu'elle leur fit dans le cours de la campagne.

Le lendemain, après les saluts d'usage, nous descendîmes à terre. C'était un jour de fête nationale; le Brésil célébrait la majorité de son jeune Empereur, je ne parlerai pas de notre réception; la présence du prince, la nature de notre mission, tout concourait à nous rendre l'accueil empressé, les sympathies ardentes.

Les quinze jours de notre relâche à Bahia se fussent passés en fête si nous l'avions voulu ; mais pouvions-nous un instant perdre de vue le but de notre expédition !!!

Bahia avec sa riche nature, sa végétation puissante, San-Salvador, son immense baie, que sillonnent à chaque instant des bâtiments étrangers et des bateaux indigènes, troncs d'arbres dépouillés de leurs écorces, ses pêcheries de baleine, ses promenades, son obélisque, ses cadières ou palanquins portés par deux noirs, le tombeau de la grande Catherine, les hautes tiges des cocotiers; les tours de ses soixante églises ou couvents, dont les luxueuses tentures se marient au palissandre massif incrusté d'or; ses fêtes religieuses, où la gerbe lumineuse des fusées se joint à l'éclat de mille cierges étincelants, le bruit du canon au chant des saints cantiques; enfin la population noire, jaune, rouge, blanche, qui l'enveloppe comme d'un pagne bigarré, dissimulant plutôt qu'il ne cache sa nudité; tout cet ensemble et mille choses encore que j'omets, avaient, on le conçoit, assez de puissance pour nous retenir, et cependant nous désirions partir ; aussi le 14 septembre fut-il un jour de joie; nous quittions notre dernière relâche, et notre première halte se faisait devant un rocher triste, maudit, sans ressource et sans parure; mais ce rocher, c'était Sainte-Hélène.

Cependant, nous n'avions point quitté San Salvador sans emporter quelques attachants souvenirs, et dans ce nombre, je suis heureux de consigner celui de M. Armandeau, consul de Sardaigne, qui en l'absence du consul de France, nous reçut comme des compatriotes et nous traita comme des amis; puis celui de monseigneur l'archevêque de Bahia, primat de l'église du Brésil, prélat de la plus haute distinction et chez lequel on ne sait ce qu'il faut admirer le plus ou de son talent de premier ordre ou de son éminente piété; s'il lit jamais ces lignes, puisse-t-il y trouver l'expression d'une respectueuse reconnaissance pour l'accueil qu'il fit en ma personne au clergé Français. Il me fit visiter ses couvents, qu'il avait protégés, défendus contre les mauvaises passions qui fermentent toujours au Brésil; le séminaire qu'il avait fondé et dont les études et la direction pieuse promettent à cette grande église des prêtres d'intelligence et de dévouement, des prêtres selon le cœur de Dieu.

Le 15 septembre, nous avions de nouveau perdu de

vue la terre; le 20, le tropique du Capricorne était dépassé. Notre traversée se poursuivait avec des chances variées, cependant le plus souvent heureuses.

Jusque là, peu de contrariétés réelles nous étaient survenues; mais à mesure que nous approchions du terme désiré, je ne sais quel bizarre caprice de la mer nous en éloignait. Des vents debout, des brises molles, des calmes, mirent plus d'une fois notre patience à l'épreuve. Il nous fallut aller presque par 28 degrés de latitude pour trouver des brises favorables. Le temps se traînait : pour moi, des livres, le catéchisme que je faisais aux mousses, cette vie si nouvelle, m'apportaient sans doute quelques distractions; mais depuis près de trois mois que nous étions partis, nous avions émoussé une partie de nos émotions.

Sur ces belles mers des régions intertropicales, point d'incident; un ciel bleu, une mer bleue, des nuits lumineuses, des clartés phosphorescentes des flots et des étoiles, cette poussière brillante dont Dieu a semé l'espace; des poissons et des oiseaux, et des oiseaux et des poissons, l'alcyon bercé sur la lame, jetant son cri plaintif, quand le souffleur lançait ses deux jets d'eau avec le bruit du vent qui s'engouffre; tel était le spectacle de tous les jours.

Nous avions fait raconter une fois, puis plusieurs, aux compagnons de fortune ou de malheur de l'Empereur, toutes les circonstances, les plus minces détails de sa vie intime; *le Mémorial de Sainte-Hélène* avait été lu, relu; il devait être le guide de nos excursions dans l'île; S. A. R. avait tout fait pour rendre agréable à ses passagers, sa frégate. En instruisant son équipage, en le façonnant aux exercices de la guerre, il nous avait fait assister souvent à ces scènes si imposantes de l'attaque ou de la défense d'un bâtiment; exercices à feu, à l'arme blanche, branle-bas de combat; de jour, de nuit; attaque de la *Favorite* surprise au milieu des calmes, par les embarcations de la *Belle-Poule;* manœuvre des voiles, des pompes, préparatifs d'abordage, se succédaient tour à tour. En tenant toujours ainsi les hommes en haleine, il en avait fait un équipage d'élite, dévoué, et avait rompu pour nous la monotonie de la mer; et malgré cela, nous désirions arriver.

Le 2 octobre, nous repassions le tropique du Capricorne, nous portions le cap sur le rocher, nous battîmes des mains, nous arrivions..... nous arrivions dans la région des calmes, qui nous retinrent six grandes journées; qu'elles furent longues ces journées!

Enfin le lundi 5, la brise se déclare, les voiles ne battent plus en retombant pesamment sur les mâts, elles s'arrondissent; la frégate frémit, elle roule dans le creux deslames qu'elle entr'ouvre, le vent souffle de l'arrière, le 6 il fraichit, et le lendemain la voix du matelot de vigie, retentit, et a crié : « Sainte-Hélène! Sainte-Hélène! »

III.

SAINTE-HÉLÈNE.

Sainte-Hélène !!! à ce cri, ce fut un mouvement général ; réflexions, prières, travaux, causeries, tout est abandonné : chacun prend sa course vers le pont, on se heurte aux échelles, les bancs de quart, la dunette, les bastingages sont envahis, on s'arrache les lunettes, car à quinze lieues, l'œil a peine à distinguer la terre des nuages qui courent à l'horizon.

Il est trois heures; aurons-nous encore assez de jour pour voir l'ensemble de l'Ile..... Mouillerons-nous à quelque heure de la soirée..... Nous sommes au 7 octobre, ce serait jour pour jour, heure pour heure, le moment où nous avons levé l'ancre trois mois auparavant..... C'est juste le temps de la traversée du *Nor-*

thumberland..... c'est le mois de son arrivée..... singuliers rapprochements qui ne devaient pas être les seuls.....

Toute la soirée se passa dans une agitation indicible, et cependant l'ame avait ses retours de silence et de méditation profonde.

Peu à peu le rocher se dessinait et ses pointes plus marquées rompaient l'uniformité des lignes. Nous étions donc au premier terme de notre voyage ; là se terminaient les poésies de la mer et de nos ravissantes relâches ; là, tout prenait un caractère solennel, la nature, les souvenirs, la couronne d'épine, la tombe.

Depuis long-temps la nuit était descendue , et personne n'avait songé à quitter le pont : à quoi bon ? le corps se repose-t-il quand la pensée veille !

La brise ayant molli, le mouillage fut remis au lendemain. La nuit se passa soit en panne, soit à courir des bordées : c'était la même manœuvre que le *Northumberland* avait exécutée vingt-cinq années auparavant.

Le matin, nous étions au vent de l'Ile à une distance si rapprochée, que nous pouvions l'embrasser du regard.

A nous, qui nous y rendions pour passer quelques jours seulement, à nous, qui l'avions cherchée comme une autre terre promise, à nous, l'Ile parut horrible ; comment dut-elle apparaître à celui à qui on la donna pour dernière demeure ?...

En effet, c'est quelque chose de pénible à voir que cette nature tourmentée, que ces rocs crevassés, oscillants sur leurs bases, jetés çà et là, entassés pêle-mêle, et que le pinceau reproduirait s'il lui fallait tracer l'image du chaos ; ajoutez à cela tantôt les rayons d'un soleil des tropiques sous lequel les pierres éclatent au midi du jour, et tantôt, sans transition, des brumes glaciales, épais manteau de nuages que frangent par intervalles les pointes dentelés des pics de Diane, d'Heghknohum et d'Alarme-House. Voilà l'Ile.

Le soir, c'est quelque chose de plus triste, je dirai de lugubre.

Cette masse noirâtre, immobile, dont les lignes arrêtées se fondent dans l'uniformité des ombres, cette blanche écume des flots, argentant ses contours, ornements blancs semés sur le marbre noir des sépulcres; ce bruit sec et cassant, comme le bruit d'ossements brisés, des galets roulés par la lame ; le mugissement de la mer monotone et grave comme la voix des dernières prières; tout cet ensemble parle à l'ame un langage funèbre : c'est la révélation du moment suprême.

Ce fut ainsi, un soir, que le 15 octobre 1815, elle apparut à l'exilé du monde; et tout aussitôt il dut comprendre et saluer son tombeau.

A onze heures, nous cherchions à doubler la première pointe de l'Ile; à mesure que nous avancions, derrière la seconde s'allongeaient successivement les beauprés des bâtiments ancrés dans la rade, et qui peu à peu en se découvrant en entier montraient leurs pavillons.

Tous les yeux étaient attentifs, les cris se croisaient : pavillon anglais..... anglais encore...... hollandais..... brick de guerre.... portant pavillon de France.

Ce fut un hourra unanime..... Depuis trois mois, nous étions sans nouvelles.... Puis, aussi loin, un bâtiment français, c'est un souvenir de la patrie, ceux qui le montent sont des frères. Bientôt son numéro flottait en tête du mât : c'était l'*Oreste*, brick de 20 canons, commandé par M. Doret, capitaine de corvette, parti de Cherbourg, le 31 juillet, venant de Gorée et allant à la Plata. Par ordre, il avait changé sa route pour nous apporter un pilote de la Manche et nous dire quelques mots des évènements qui se passaient en Europe; la veille seulement il avait mouillé devant Jame's Town. Singulière destinée ! M. Doret, aujourd'hui officier supérieur, était du nombre de ces jeunes officiers de marine, qui, en 1815, à Rochefort, alors que le dévouement se payait de la vie, avaient offert à l'Empereur de le sauver sous le feu même des croisières ennemies. Il avait assisté noblement à une des grandes phases de la vie de son maître, sa dernière déchéance; la Providence lui donnait sa récompense en le faisant assister à Ste-Hélène à sa réhabilitation.

Je dois mentionner ici un des moments du bonheur le plus vif que j'aie ressenti en ma vie. Le commandant de l'*Oreste* avait remis au prince un paquet venant de France : il y avait plus de vingt-cinq officiers à bord, et le paquet ne contenait que six lettres; qu'on juge si je fus heureux : quatre portaient mon adresse; mère, frère, sœur, amis, à 2,000 lieues, m'envoyaient un souvenir : je descendis promptement dans ma chambre ; j'y allais cacher ma joie, elle devait faire mal aux autres.

Mais la brise s'était calmée, les courants nous avaient rejetés un peu au large. Quelques heures, nous crûmes qu'il nous faudrait rester encore la nuit sous voiles.... lorsque vers le matin, une brise de mer nous poussa doucement devant Jame's Town. Depuis longtemps déjà le commandant dirigeait en personne la manœuvre avec cette justesse de mesure et de coup d'œil que nous avions admirée surtout à Ténériffe et à Bahia; il ordonnait les mouvements préparatoires du mouillage. Parvenu à peu de distance de la côte, en face de la ville, le porte-voix fit entendre ce commandement : « Mouillez; » et l'ancre, déroulant les anneaux de sa pesante chaîne, tomba et nous fixa au sol. Quatre heures sonnaient à l'horloge du bord : la population de l'Ile se pressait sur les quais. L'*Oreste* saluait le prince par les cris de : vive le roi ! et les éclats plus retentissants de ses bouches d'airain : le canon grondait sur tous les points. Le *Dolphin*, ce brick envoyé par le gouvernement anglais, les forts hissant les trois couleurs, saluaient la frégate, et la frégate répondait en envoyant le feu de ses batteries, dont les derniers échos durent faire tressaillir celui qui dormait à la vallée du tombeau.

Bientôt un grand nombre d'embarcations couvrit la mer : l'une portait le consul de France; dans une autre le capitaine du *Dolphin ;* le capitaine du port et le médecin de la quarantaine, nous avaient déjà accostés ; dans quelques autres, on distinguait les uniformes rouges des officiers anglais et les blanches plumes de leurs chapeaux : c'étaient le capitaine Alexander, commandant le génie, le commandant de place, un fils du gouverneur et son aide-de-camp tout à la fois, et quelques autres; tous s'empressaient de venir présenter leurs hommages à S. A. R. et l'assurer d'un respectueux accueil. Le gouverneur, fort souffrant, faisait prier le prince par son fils de vouloir bien agréer ses regrets. Après les premiers compliments de réception, nous connûmes les dispositions prises par le gouvernement anglais pour nous rendre agréable notre séjour dans l'Ile. Le château était mis à la disposition du prince avec une table de trente couverts, soir et matin ; à lui seul le droit d'en faire les honneurs. MM. de la mission avaient des appartements désignés, des chambres étaient préparées pour tous les officiers.

Le lendemain 9 fut fixé pour la descente, la visite officielle au gouverneur, à Longwood, au tombeau.

Le soir même cependant je descendis à terre avec M. Hernoux ; à peine débarqués, un homme d'une taille élevée, à la démarche militaire, au langage brusque et familier nous accoste, et nous tendant la main : Vous avez bien tardé, le brick que notre gouvernement a envoyé pour nous prévenir a fait sa traversée en 48 jours. Voilà deux mois que vous êtes attendus ; soyez les bien-venus, et, s'emparant tout aussitôt de nous, nous fait visiter les rues principales de Jame's Town, les deux casernes des officiers et des soldats, et enfin s'arrêtant devant une maison de médiocre apparence : Tenez, voilà la maison où *il* a couché la première nuit avant d'aller à Briars ; puis nous reconduit à notre canot, nous laissant enchantés, mais ignorant qui pouvait être notre obligeant cicerone.

Le 9, à dix heures, le Prince va rendre visite au capitaine du *Dolphin* qui le salue de 21 coups de canon que la frégate lui rend aussitôt.

A 11 heures, deux embarcations portant S. A. R. et son aide de camp, M. de Chabot, commissaire du Roi,

MM. Bertrand, Gourgaud, de Las Cases, Marchand, une partie des officiers de la *Belle-Poule* de la *Favorite* et de l'*Oreste*, se dirigèrent vers le point de débarquement où toutes les notabilités de l'Ile réunies les attendaient; le brick anglais rendit les honneurs du salut royal, les hommes sur les vergues, et les canons de la ville et des forts grondèrent et annoncèrent qu'un Prince de la Maison Royale de France touchait la terre anglaise. Un colonel, chargé par le gouvernement de la réception, donna la main au Prince pour sauter sur le quai; je reconnus ses traits, c'était notre pilote de la veille, M. Hamelin-Trelawney, d'une très ancienne famille d'Angleterre. Trois cents hommes du 91me formaient une double haie; toutes les autorités de l'Ile, officiers militaires et civils de la garnison et de la milice, se pressaient en grand uniforme auprès du Prince dont la tenue simple et sévère contrastait singulièrement avec leurs riches broderies; la grande plaque de la légion d'honneur brillant sur sa poitrine le distinguait de son Etat-Major. Arrivé au château dans les appartements qui lui avaient été destinés, eut lieu la présentation des autorités anglaises, puis on se rendit sur la place d'armes, où une vingtaine de chevaux piaffaient en attendant leurs cavaliers. Je montai dans une des voitures qu'on avait destinées de plus pour notre excursion, et à midi sonnant, un nuage de poussière tourbillonnait autour de notre brillante cavalcade qui se ralentit en commençant à gravir les longues et hautes montagnes de Leader Hill qui dominent, avec leurs batteries de gros calibre, et la ville et la mer.

Nous pénétrions dans l'intérieur de l'Ile ; une nature sauvage et triste, des aloës bordant des rampes pierreuses, quelques fleurs des tropiques, étiolées, sans couleurs, manquant de terre et d'eau ; çà et là des pins, des mélèses mariant leurs noirs feuillages, des genêts à fleurs jaunes, disposés en tapis dans le fond des ravins, ou serpentant sur le flanc des collines, le lit desséché d'un torrent, puis la mer se déroulant au loin et ceignant le rocher de son immensité ; voilà le spectacle que nous avions sous les yeux.

A mesure que nous montions, notre marche devenait silencieuse, quelques mots énergiques seuls s'entendaient par intervalle. Dans le lointain, nous apercevions Plantation-House, et ce n'était pas pour nous la maison du gouverneur Middlemore, c'était la demeure de sir Hudson-Lowe.

Plantation-House est située sur le revers d'une colline assez élevée. L'air y est vif, mais pur. Un grand bois touffu d'arbres verts en forme l'entrée; de larges allées, percées pour la voiture, conduisent jusqu'à la maison du Résident anglais. Cette habitation est simple, satisfaisante à l'œil; un corps de logis en avant, deux ailes sur le derrière forment son architecture; devant la façade s'étend une immense pelouse de gazon encadrée dans des bordures de fleurs. Nous regardions tout sans rien dire, nous n'avions point encore vu Longwood.

Le gouverneur-général Middlemore, malgré l'état de sa santé, s'était levé pour recevoir S. A. R.; nous entrâmes au salon; quatre dames s'y tenaient, lady Middlemore et ses trois filles; le prince nous présenta lui-même. Quelques minutes après trois personnes se retiraient dans un autre appartement : le commandant de l'expédition, le commissaire du roi et le gouverneur. Leur absence dura plus d'une heure; la conversation devait être longue : on établissait les droits de chaque nation, on stipulait ses réserves : nous pouvions être tranquilles, nos représentants étaient là. Et pendant ce temps, que de réflexions venaient nous assaillir : c'était à n'en pas croire ses yeux : un songe dont on craignait le réveil. MM. Bertrand, Gourgaud, de Las Cases, Marchand, dans le salon de Hudson-Lowe; ils étaient là sans doute réclamant contre une injonction injurieuse adressée au général Buonaparte, et le gouverneur anglais rentrant au salon disait : « Messieurs, jeudi 15, les restes mortels de l'*Empe-* » *reur* Napoléon seront déposés en vos mains. »

Le temps explique bien des choses, vingt années déjà se sont passées : la justice a fait son œuvre, et l'heure des réparations a sonné.

Après quelques instants Monseigneur prit congé du gouverneur ; nous saluâmes, non sans un sentiment de satisfaction bien grande, car malgré son accueil gracieux nous ne pouvions oublier que nous étions dans l'officine où s'étaient préparées toutes ces machinations odieuses qui avaient abrégé la vie de l'illustre captif. Mépris, mille fois mépris à celui qui insulte à l'infortune ! Le vieux lion, il était là dans sa dernière demeure, un effroyable coup de poignard au cœur, et un homme avait pris plaisir à faire saigner sa blessure à coups d'épingles !

L'histoire est une grande chose : si elle consacre en traits brillants tous les dévoûments, elle signale aussi en stigmates ineffaçables toutes les infamies : Hudson-Lowe, vous ne mourrez pas ! vous êtes immortel de l'immortalité de la honte!

En faisant toutes ces réflexions nous avions quitté Plantation-House, dirigeant notre course vers Longwood que nous ne devions atteindre qu'après deux heures de marche, de montées difficiles et de rapides descentes.

L'aspect de l'Ile était partout le même, à cela près d'un peu de végétation sur le revers de certaines collines; le temps était beau, sauf la chaleur étouffante des vallées et le froid presque rigoureux des montagnes.

En avant marchait le prince ayant près de lui le capitaine Alexander, le chef de la justice et les deux commandants de la place et du bataillon; des Français composaient le reste de l'escorte.

De temps en temps, nous voyions arriver de toute la vitesse de leurs chevaux des officiers anglais; ils transmettaient ou prenaient des ordres et repartaient aussitôt emportés dans un rapide galop : nous les suivions de l'œil, ils disparaissaient dans les sinuosités de la route, puis reparaissaient sur le sommet d'un pic ou dans le creux des vallons. Que de fois l'Empereur, autour duquel se multipliaient ces ordonnances, en voyant leurs habits rouges s'effacer dans les brumes, puis reparaître à travers les branches des pins noirs, dut les prendre pour les esprits du mal.

Quelques enfants, vêtus de plus ou moins de guenilles, nous avaient accompagnés dans notre excursion; sans doute ils ne donnaient pas de relief à notre cortège, mais depuis quelque temps leur présence nous était utile : de mille en mille, les routes étaient closes par des barrières qu'ils nous ouvraient; c'était le commencement des douloureux souvenirs, le terme imposé aux promenades de l'homme qui, en sept heures, allait de Valladolid à Burgos (35 lieues), l'annonce prochaine de quelque endroit à jamais mémorable.

La route descendait par une pente plus rapide, elle tourna tout à coup.

Au fond, un peu sur la droite, dans un plan assez éloigné, s'étendait un immense rocher, aux flancs nus et crevassés.

Pas un arbre, pas une plante, pas même la bruyère, cette pauvre fille des montagnes ; rien que le roc avec ses veines saillantes, ses teintes grisâtres ; partant de la mer qui battait ses pieds, il encaissait un ravin resserré par une autre ligne de roches moins élevées. Dans un plan plus rapproché de nous, quelqu'éboulement de terres supérieures avait permis de planter çà et là, des deux côtés, quelques arbres du nord, au feuillage triste. Là le ravin s'élargissait, il devenait vallée; quelques grands chênes y avaient aussi pris racine ; au loin, sur le plateau qui couronnait la montagne, se dessinait, au milieu des brouillards, une maison de chétive apparence : cette maison s'appelait Longwood; la vallée ombragée par les grands chênes, la vallée du tombeau.

Nous laissâmes sur la droite le chemin de Longwood, et tournant avec la route, nous nous dirigeâmes vers la vallée, en suivant le terrain plat qui la domine. Je n'ai pas besoin de dire dans quel silence la marche se poursuivait : elle était grave et solennelle comme nos pensées; nulle autre distraction que de chercher à pénétrer, d'un regard avide, la profondeur de la vallée, curiosité que tous comprendront. Nous avions traversé l'Atlantique pour trouver un tombeau.

Bientôt il nous fallut tourner brusquement sur la droite et prendre le sentier qui descendait à la vallée; à une distance encore assez éloignée, le prince arrêta son cheval, mit pied à terre : nous l'imitâmes aussitôt, et au bout de quelques minutes, Français, Anglais se découvraient : nous avions aperçu des cyprès, une grille, une pierre tumulaire, un saule.

Un instant après, nous avions franchi l'enceinte et nous foulions cette terre sur laquelle on pouvait justement graver ces mots : *Sta viator, heroem calcas.*

Mon premier mouvement fut de me jeter à genoux et de prier pour l'homme que Dieu avait fait si grand dans sa double fortune. Depuis longtemps, peut-être, sur sa tombe n'était descendu la prière, et cependant un grand nombre de pélerins l'avaient visitée; mais beaucoup avaient pensé au héros : bien peu au chrétien. Après ma prière, je me levai, tous se tenaient debout autour de la grille, immobiles, dans une muette contemplation : il y avait pour tous de si hauts enseignements !

Telle était à peu près la disposition des lieux; le tombeau, refermé par trois dalles, s'élevait un peu au-dessus du sol, il formait un carré long : une grille de fer sans ouverture, surmontée de fers de lances et de pommes aux coins, l'entourait dans toute son étendue : entre les dalles et la grille régnait une plate-bande sur laquelle s'élevaient par intervalles quelques plantes bulbeuses...... des *forget me not* (ne m'oubliez pas), quatre ou cinq pieds de geranium que la comtesse Bertrand avait elle-même plantés. Quelques saules du côté de l'entrée; les branches de l'un d'eux le plus rapproché tombant sur la grille, pleuraient sur la tombe; de l'autre côté, étendu sur la terre, le tronc d'un antique saule à demi consumé par les ans; il avait vu descendre le cercueil impérial, peu d'années après il était tombé, et les Anglais avaient respecté la chute du vieux témoin d'une si grande sépulture. Çà et là quelques mélèzes dont les noires tiges tranchaient avec l'herbe verte qui s'étendait sur le sol. Des cyprès formaient la couronne de la vallée, dont un treillage de bois de trois pieds de hauteur, faisait l'enceinte ; son diamètre était de quarante pas environ. A la tête du tombeau, en dehors de l'enceinte, et à demi cachée sous une arête de roches, une source à l'eau fraîche et limpide, sur une pierre blanche, à côté, un gobelet de fer-blanc ; enfin la maison et la guérite du sergent anglais commis à la garde des lieux. Tout était simple, comme vous pouvez le voir, mais dans la simplicité souvent que de grandeur ! Protégé par de hautes murailles de roche, aucun objet ne pouvait distraire le regard, aucun bruit ne troublait ce lieu qu'il avait choisi pour son dernier repos.

Les premiers moments de recueillement passés, avides de souvenirs historiques, nous dérobions à la terre un brin d'herbe, une pierre, une racine, aux cyprès quelques feuilles ; les Anglais nous comprirent, et une voiture fut chargée du vieux saule. Une poignée d'or qui tomba dans les mains du vieux gardien, par les ordres du prince, fut le signal de la retraite. Nous partîmes sans regret : nous devions revenir.

Une heure après, on nous ouvrait une dernière barrière ; nous étions parvenus sur un vaste plateau, exposé à tous les vents, sans végétation autre que de longues herbes aux filets minces et pointus, triste parure des terrains maudits ; des gommiers aux feuilles épaisses, courtes et sans ombrage étaient groupés çà et là ; nous marchions vers une espèce de ferme, à laquelle attenaient des bâtiments de service ; sur notre gauche, s'élevait une maison de belle apparence, à la toiture d'ardoises et aux larges fenêtres. La ferme, c'était le palais impérial de Longwood, la belle maison le nouveau Longwood.

Le 5 mai 1821, quatre heures avant la mort de l'Empereur, deux personnes s'étaient rencontrées à la porte de son appartement, l'une venait lui apporter les clefs de sa nouvelle demeure, l'autre probablement prendre mesure de sa dernière.......

Nous mîmes pied à terre ; la maison tombait en ruine ; en diverses places les murs étaient lézardés ou criblés de fissures, les vitres manquaient aux fenêtres ; nous montâmes les trois marches qui exhaussent la maison du sol, puis nous pénétrâmes dans l'intérieur par le Varenda au treillage vert, qui en ferme l'entrée. Nous avions pour cicerone, M. Marchand qui l'avait habitée six années.

La première pièce construite après coup, avait été dans l'origine une salle de billard, puis plus tard, le billard enlevé, une espèce de salon d'attente; cinq fenêtres l'éclairaient; sur la gauche, en entrant, une petite table en sapin, noircie d'encre, supportant un registre sur lequel s'inscrivaient les pélérins visiteurs; à côté, une cheminée en bois, hachée, tailladée dans toutes ses arètes; des noms écrits au couteau, à la plume, à la craie, couvraient les murs; en face de l'entrée, une porte qui s'ouvrait sur le salon, où était mort l'Empereur.

En face du lit de l'agonie, le meunier, locataire de Longwood, avait placé un moulin!...... Je cherchai des yeux M. de Las Cases, je le vis s'éloigner, suffoqué par les larmes.

La salle à manger, éclairée d'une seule fenêtre, nous conduisit en tournant sur la gauche dans la bibliothèque; rien que des murs délabrés et tapissés d'inscriptions. Revenus sur nos pas, nous nous trouvâmes de nouveau dans la salle à manger; puis M. Marchand, ouvrant une porte, nous dit: Voici la chambre à coucher et le cabinet de travail de Napoléon. Nous entrâmes empressés, et restâmes stupéfaits, nous étions dans une écurie....., oui, une écurie avec ses crèches et son fumier ; le fumier s'étendait là, où il prenait son repos ; la crèche s'élevait là, où il écrivait et dictait ses campagnes d'Italie et d'Egypte. Simultanément, nous nous retournâmes vers les Anglais ; ils n'étaient plus là ; à la porte de Longwood, ils s'étaient arrêtés ; une pudeur honorable les avait cloués au sol : merci à eux.

Et quoi ! un gouvernement avait eu en sa puissance un homme dans lequel s'était remuée toute une époque, un homme ainsi fait qu'il devait donner à chaque chose qu'il avait touchée, à chaque lieu qu'il avait fréquenté, d'impérissables souvenirs ; et la maison qu'il avait occupée, la maison dans laquelle s'étaient passés des jours qui assuraient le triomphe de ce gouvernement, la maison dans laquelle la plus grande gloire des temps modernes s'était éteinte, il l'avait abandonnée, laissée tomber en ruine, traitée comme une vile chose !....

Mais voyez donc ce que vous avez fait ; vous vous en êtes interdit l'entrée ; le jour où de nobles visiteurs, précédés d'un chef plus noble encore, viendront faire un pélerinage au lieu des grands souvenirs, vous vous tiendrez à l'écart, confus, humiliés, et ce sera justice. Lord Bathurst, lord Castelreagh, vous savez ce que dit l'écriture? on recueille ce que l'on a semé; vous avez semé la honte, recueillez donc la honte.

Certes, si moi, j'avais eu Longwood, je l'aurais gardé comme une précieuse dépouille; bijou de prix, je l'aurais enchâssé pour le préserver de l'altération du froid, de l'air, des brouillards, du soleil; je l'aurais conservé, héritage transmissible à jamais aux fils de la nation, comme le trophée le plus glorieux de ses annales. Voilà ce que j'en eusse fait, moi! mais vous, vous l'avez laissé aux mains d'un marchand, et le marchand en a fait marchandise; et à la tête du lit de Napoléon mourant, le marchand a installé un moulin à vanner l'orge, à la place où était suspendue son épée, il a accroché le licou d'un mulet....

Bientôt nous fûmes hors de ce lieu, son aspect inspirait des réflexions trop poignantes; quelques minutes nous suffirent pour parcourir les bâtiments de service qui jadis avaient servi de demeure à messieurs les généraux Gourgaud, Montholon, de Las Cases père et fils. Il faut le confesser, nos paysans de France sont au moins aussi bien logés.

Nous avions tout visité, même le petit jardin dont jadis le maître avait pris plaisir à tracer les allées. Sur la place de la tente où il s'abritait pendant les chaleurs du jour, s'élevait une espèce d'observatoire météorologique.

Mais la journée s'avançait, un brouillard épais qui menaçait de se fondre en une pluie battante, fit regagner à l'un son cheval, à l'autre sa voiture; et Son Altesse Royale donna le signal du retour : nous abandonnions sans regrets ce plateau, que se disputent sans transition un soleil brûlant ou des brumes glaciales : ce jour là, nous étions saisis par le froid, étourdis par la violence du vent.

Une heure après, nous étions à Jame's Town, où un dîner de quarante couverts avait été préparé pour le prince, sa suite et un grand nombre d'officiers Anglais. A dix heures du soir, nos embarcations nous remettaient sur la terre de France, sous notre pavillon. Nous avions besoin de repos, repos de l'ame, repos du corps ; de toute manière la journée avait été laborieuse.

Le samedi 10 se passa sans incidents à rap]
le soir Son Altesse Royale et quelques personn
rent dîner à Plantation-House, chez le gouvern

Le lendemain dimanche, à onze heures, j
sainte messe; depuis vingt ans peut-être, c'était
mière fois que l'auguste sacrifice de nos autels
brait devant Sainte-Hélène. Quelques catholiqu
landais étaient dans l'Ile, je le savais; combien j'
désiré qu'ils eussent pu avoir la consolation d'y as
(La veille du départ de Sainte-Hélène je bap
bord de la frégate un enfant de 4 ans.)

Mes devoirs religieux vis à vis des autres, vis
de moi-même remplis, je descendis à terre avec M
noux, nous allions modestement et en véritables
rins faire une excursion dans l'Ile. En entrant da
me's Twon, je fus frappé du profond silence q
gnait partout; dans les rues personne, les fenêtı
les portes étaient fermées; réunis en famille, tous
saient la bible, tous y méditaient ces mots :

Custodite sabbata mea ego Dominus.

Qu'un jour me soit consacré, parce que je su

Seigneur. Et ni visites, ni jeux, ne devaient en troubler la sainteté. Je ne pus faire qu'un retour sur nos pays catholiques, et ce retour fut triste et plein d'amertume. A Dieu qui a donné à l'homme tant de jours, pourquoi ne pas en consacrer un spécial ? A Dieu qui donne chaque jour à l'homme et le pain et le soleil, pourquoi refuser l'action de grace solennelle et l'expression publique de la reconnaissance et de l'amour.

En faisant ces réflexions, nous étions sortis de Jame's Town : où allions-nous ? nul n'aurait pu le dire. Nous gravissions avec peine une rampe escarpée ; à mi-côte, nous fîmes halte. Une maison assez gracieusement posée au milieu d'un vert jardin, fixait mon attention. Derrière, et la dominant entièrement, un immense rocher semblait se replier comme un livre entr'ouvert ; du milieu bondissait de roches en roches, et en nappes argentées, une cascade dont la voix répétée par l'écho avait quelque chose de mélancolique et de plaintif.

Quel était ce lieu ? Un pâtre chinois, qui gardait des chèvres, nous dit ce mot, Briars ; ce mot était probablement le seul qu'il pût prononcer d'une manière intelligible pour nous. C'était Briars, à une demi-lieue de la ville; Briars! la maison que l'Empereur avait habitée quelques mois pendant qu'on cherchait une aire convenable pour l'aigle. Félicitons les chercheurs : pour le soleil et les tempêtes, il était impossible de rencontrer mieux que Longwood.

Pour Napoléon, à Sainte-Hélène, une seule habitation était convenable, Plantation-House. Mais, comme il n'est pas d'usage que le geôlier cède sa place au captif, il en fallut trouver une autre. Briars était petit; en l'augmentant, on pouvait en faire quelque chose : mais Briars était à la porte de Jame's Town; on eût craint que l'expression de nobles sympathies eût retenti jusque là. Longwood était distant de la ville de deux lieues; Longwood pouvait être facilement gardé : on s'arrêta à Longwood.

En voici le climat. J'ai parlé du temps rigoureux qu'il y faisait le jour de notre première visite; le dimanche, 11 octobre, j'y étais encore, car jusque-là nous avions prolongé notre promenade, et bientôt il nous fallut partir; nous étions trempés de pluie et engourdis par le froid. A toutes les heures de notre séjour à Sainte-Hélène, on peut le dire, Longwood a été visité par les équipages de la *Belle-Poule*, de la *Favorite*, de l'*Oreste*, et des autres bâtiments de notre nation alors en relâche. Beaucoup de nous y sont retournés à plusieurs reprises, et le même temps s'y est toujours fait observer.

Nous étions dans la plus belle saison de l'île, qu'on juge alors des autres.

Je voulais examiner attentivement le nouveau Longwood, que j'avais à peine entrevu, en le parcourant à la hâte dans une précédente visite; il me restait encore à voir la maison du grand-maréchal; mais la pluie tombait par torrents, je courus me mettre à l'abri un instant sous le chêne dont les feuilles avaient protégé le captif! Derrière moi s'élevait le mur de terre qu'il avait fait construire pour opposer une barrière à la fureur des vents; une partie de ce mur misérable était tombée. Mais bientôt il nous fallut jeter un dernier coup d'œil et partir. Les pics de Diane et de Barn's-Point, couronnés de nuages, semblaient menacer d'un nouveau déluge.

Si l'on va difficilement à Longwood, le retour devient facile : il a fallu sans cesse monter, reste donc sans cesse à descendre; aussi bientôt fut-elle franchie la distance qui sépare ce point de la vallée du tombeau. Malgré les brouillards et la pluie qui s'y précipitaient, M. Hernoux voulut y descendre; ne devant point assister à l'exhumation, il voulait donner un dernier souvenir à ces lieux tranquilles, si pleins de religieuses mélancolies. J'y joignis ma prière, puis, silencieux, nous reprîmes notre route.

Je ne sais pas si du tombeau à la ville un mot fut échangé; chacun de nous avait besoin de se créer une solitude, pour s'entretenir avec ses propres pensées; il y en avait de tant de nature; d'abord ces pensées générales qui s'attachaient au sol que nous foulions, aux souvenirs dont il était couvert, ensuite ces retours nécessaires de nous mêmes sur nous mêmes!... Comment étions-nous là? par quel dessein providentiel le prêtre, aux habitudes timides et retirées, au caractère tranquille et presque craintif, s'était-il trouvé engagé dans les incertitudes d'un long voyage de mer? comment était-il à Sainte-Hélène? comment se trouvait-il mêlé à un si grand évènement? pourquoi moi, et non un autre?.... Toutes ces idées et beaucoup d'autres se croisaient, se heurtaient dans ma tête, et je pouvais suivre sur la figure de mon compagnon de route, ce même travail personnel; il nous occupa, je crois, jusqu'à notre embarquement : rien dans la ville n'avait pu nous distraire : c'était, je l'ai dit, le dimanche, et l'heure de la prière.

Le lundi 12, son Altesse Royale, fit une nouvelle visite à la vallée du tombeau : un grand dîner lui fut offert, ainsi qu'à ces messieurs de la mission, par les officiers anglais : mais ayant refusé pour ce jour même une invitation du gouverneur, elle ne put s'y rendre. Pendant le banquet, la plus franche cordialité règna.

Un grand nombre de speach, suivis des hurrah d'usage dans les dîners anglais, furent portés à la reine d'Angleterre, au roi des Français, à S. A. R. le prince de Joinville.

M. Hernoux prit la parole, et remercia au nom du prince, les armées, les marines; les présents, les absents, personne ne fut oublié; et M. de Las Cases put voir combien son noble père avait laissé dans l'île de vivants souvenirs.

Un dernier toast, fut porté à l'union indissoluble des deux grandes nations; pendant ce temps, la musique du prince exécutait sous les fenêtres les airs nationaux des deux pays. J'avais été invité à cette réunion; un devoir pieux m'empêcha de m'y trouver : je dois en dire quelque chose.

Un élève de marine avait quitté la France, embarqué sur le *Lancier :* c'était sa seconde campagne. Il était parti comme on part quand on est jeune, joyeux, insouciant de l'avenir; que peut-il promettre autre chose que fêtes, plaisirs, croix qui se porte noblement sur la poitrine, épaulettes aux grains flottants sur les épaules, quand on a dix-sept ans et déjà l'aiguillette mêlée de soie d'azur et d'or. Il était donc parti en laissant à sa mère qui pleurait, un consolant espoir de retour. La traversée devint pénible pour l'enfant; sa poitrine s'attaqua, et le rude climat de l'île Maurice qu'il avait gagnée, aggrava sa position.

Un bâtiment marchand faisait voile pour l'Europe; on pensa que la patrie, les soins d'une mère, rétabliraient sa santé; et sur le bâtiment marchand, le jeune malade partit pour l'Europe. Mais par l'effet de la

mer, le mal chaque jour empirait : une si longue traversée devenait impossible ; le bâtiment relâcha à Sainte-Hélène, et repartit, laissant au soin du consul français, le jeune officier. Deux mois se passèrent dans des alternatives pleines d'inquiétudes et d'espérances. Mais la plante avait été arrachée trop jeune de son sol ; peu à peu ses couleurs s'éteignirent, elle se flétrit, elle se dessécha, un soir elle tomba . . . .
. . . .

Pauvre enfant ! ainsi mourir à dix-huit ans !.......... à deux mille lieues des siens, sur un sol étranger, sur une terre protestante !... Sans prières sur sa tombe !... Avant de quitter Paris, sa noble mère, madame la duchesse d'Harcourt, (car c'était son fils), m'avait prié de lui ramener son enfant ; avant de quitter Toulon, je ne pouvais plus lui promettre que de lui en rapporter les restes (1). Adorons les conseils de Dieu ; résignés, soumettons-nous. N'oublions pas que c'est aux ames d'élite qu'il réserve les plus rudes épreuves.

Dans la nuit du 12 au mardi 13, toutes les formalités

(1) J'apprends en arrivant en France qu'un nouveau coup l'a frappée ; un autre de ses enfants vient de mourir en Afrique à la suite d'un glorieux combat.

accomplies près des autorités locales, accompagné du docteur Guillard, chirurgien-major de la *Belle-Poule*, de M. Thibault, chirurgien de troisième classe, des chirurgiens de la *Favorite* et de l'*Oreste*, et de quelques autres officiers qui s'étaient joints à nous pour rendre les derniers honneurs à leur jeune camarade, je fis l'exhumation religieuse. Assistèrent encore à cette cérémonie, trente de nos matelots, M. Salomon le consul de France, son fils, qui avait donné ses soins au jeune officier, et quelques autres personnes de l'île, que sa position et sa douceur lui avaient attachées. Une femme en deuil se tenait à l'écart et priait en pleurant. On me conduisit près d'elle ; c'était une femme dont les soins pleins de vigilance et de tendresse avaient adouci l'amertume de son agonie. En mourant, me dit-elle, Monsieur, il avait demandé trois choses : un coin de terre pour son corps à la vallée du tombeau, sa famille, un prêtre catholique. Ses deux premières demandes ne pouvaient être exaucées ; Dieu lui accordait la dernière, en envoyant à son ame, ce baptême des derniers moments, le repentir qui purifie, et plus tard un prêtre pour bénir sa dépouille.

A trois heures du matin, le cortège funèbre traversait à la clarté des flambeaux les rues silencieuses de Jame's Town, et à quatre heures, après une dernière prière, il reposait sur le bâtiment qui devait le rapporter en France, aux lieux où dorment ceux qui vécurent de la même foi, et moururent dans la même espérance.

Le mardi 14, tous les préparatifs concernant notre grande cérémonie étaient terminés.

Deux vastes tentes-marquises avaient été construites pour les besoins du service, non loin de la vallée; l'une devait servir de corps-de-garde à un fort détachement du 91e; dans l'autre s'ouvriraient les cercueils, si on le jugeait convenable. M. le commissaire du roi s'était entendu sur tous les points avec le gouverneur, et rien, grace à la sagesse de ces deux messieurs, rien ne pouvait apporter d'embarras à cette solennelle opération. Français, Anglais, tous étaient dans les meilleurs termes; le mardi, les officiers du 91e et de la milice avaient convié pour le lendemain, à un nouveau banquet, tous les officiers français, et les mêmes toasts avaient été renouvelés.

Le mercredi 14, notre commandant fit paraître

un ordre du jour qui réglait la position de chacun et détaillait le cérémonial à suivre dans les journées du 15 et du 16 (on peut lire cet ordre du jour aux pièces justificatives). Ces dispositions faisaient honneur à celui qui les avait prises, et cependant après sa lecture, un sentiment de tristesse régna parmi nous.

Les seuls officiers supérieurs devaient assister à l'exhumation et suivre sur la terre anglaise le cercueil impérial.

Le gouvernement britannique de son côté avait choisi peu d'Anglais; il avait seulement invité l'Ile en masse à s'adjoindre au cortège de l'Empereur, depuis la vallée jusqu'aux dernières limites, c'est à dire jusqu'à l'embarcadère du quai.

Voici les noms des personnes désignées :

Du côté des Français,

MM. Ph. de Rohan-Chabot, commissaire du roi;
le général Bertrand, grand maréchal du palais;
le général baron Gourgaud;
Emmanuel de Las-Cases, député ;
Marchand;
Arthur Bertrand.

Les quatre serviteurs de l'Empereur,

MM. Noverraz;
Pierron;
Archambauld;
Saint-Denis.

Les trois capitaines de corvette,

MM. Charner, commandant en second la *Belle-Poule*;
Guyet, commandant le bâtiment expéditionnaire la *Favorite*;
Doret, commandant le brick l'*Oreste*;
M. Guillard, docteur en médecine, chirurgien-major de la frégate;

Enfin, M. l'abbé Félix Coquereau;

Deux enfants de chœur, portant l'un le bénitier, l'autre la croix, les jeunes Dufour et l'Erigé;

Le sieur Roux, plombier, en raison de quelques travaux qui devaient être indispensables, nous fut adjoint;

En tout dix-huit personnes.

Du côté des Anglais,

M. le capitaine du génie Alexander, officier député par son excellence le gouverneur de l'Ile;

S. H. le chef de la justice W. Wilde, membre du conseil;

L'honorable H. Trelawney, lieutenant colonel, commandant l'artillerie et membre du conseil;

L'honorable colonel Hodson, membre du conseil;

M. W H. Seale, secrétaire colonial de Sainte-Hélène et lieutenant colonel de la milice;

M. E. Littlehales, lieutenant de la marine royale, commandant le brick de sa majesté britannique le *Dolphin*, représentant la marine;

M. Darling, qui avait surveillé les travaux de la sépulture de l'Empereur;

et le plombier qui avait soudé lui-même le cercueil;

En tout huit personnes, car je ne compte pas les ouvriers qui exécutèrent les travaux, et auxquels l'entrée de la tente fut interdite.

Si les matelots français avaient fait ces travaux sous la conduite de leurs officiers, son Altesse Royale eût été présente, et les eût probablement dirigés en personne; là où eût travaillé une partie de son équipage, là sa présence eût été naturelle; mais d'après les dispositions arrêtées par MM. les commissaires, l'exhumation ayant dû être exclusivement accomplie par des mains anglaises, le prince préféra rester à son bord, où sa présence rendait moins pénible à ses officiers la soumission si difficile dans cette circonstance. Son ordre du jour portait qu'il descendrait à la tête des états-majors des trois bâtiments de guerre, que sur le quai il recevrait des mains du gouverneur la précieuse dépouille, et que lorsqu'elle aurait été déposée dans la chaloupe d'honneur, lui-même en tiendrait le gouvernail.

Depuis deux jours, le cercueil envoyé de Paris, avait été transporté dans la tente : nous ne l'avons pas décrit, je crois.

Il était de forme antique, d'un goût sévère, et riche tout à la fois, d'un grand fini de travail, sans ornements autres qu'une garniture en bronze aux coins inférieurs pour lui donner plus de solidité, et six anneaux, afin de le soulever plus facilement : huit longues lettres en or incrustées dans l'ébène, disaient quelle dépouille y serait renfermée. NAPOLÉON, telle était toute l'inscription. Au moyen d'un mécanisme ingénieux, le couvercle s'enlevait dans toute sa grandeur, et laissait apercevoir une longue plaque de plomb, entourée de filets dorés, et portant ces mots : *Napoléon empereur et roi, mort à Sainte-Hélène, le* 5 *mai* 1821. Les dates en chiffres romains. Cette plaque qui devait être ressoudée, formait l'ouverture du cercueil, dont d'autres feuilles de plomb garnissaient le lit et les parois.

Un char funèbre tout drapé de noir, à baldaquin soutenu par quatre colonnettes surmontées de panaches en crêpe, avait été disposé par les soins du gouverneur : quatre chevaux caparaçonnés de deuil, devaient y être attelés.

Dès le 14 au matin, toutes les avenues qui conduisent à la vallée furent gardées.

Une proclamation du gouverneur, affichée dans la ville, indiquait aux habitants de l'Ile quelle part il leur fallait prendre dans cette cérémonie de l'exhumation des restes mortels de l'*Empereur Napoléon*.

Cette proclamation produisit une sensation profonde.

Dix heures sonnaient à l'horloge de la frégate, lorsque les embarcations qui devaient conduire les personnes désignées se détachèrent du bord et gagnèrent la terre.

A dix heures et demie, nous montions dans les voitures qui nous avaient été préparées, et à minuit moins quelques minutes, nous étions arrivés aux lieux que nous ne devions plus quitter qu'après avoir consommé l'œuvre sur laquelle l'Europe, le Monde avait les yeux. La lune éclairait faiblement la nuit d'une lumière douteuse, l'atmosphère était humide, mais la pluie ne tombait pas encore. Rien n'était encore commencé, pas même le plus léger travail préparatoire, on nous attendait.

A minuit, nous étions tous silencieux, rangés autour de la grille; à minuit un quart, les ouvriers prirent le premier rang, et un coup de bêche qui retentit au milieu du silence, annonça le commencement des travaux.

Sous la puissance des leviers, une partie de la grille se détacha pesamment; soulevées par les crics, les dalles déplacées cédèrent, et les pioches, en mordant le sol, le déchirèrent dans une large étendue : les nuages se condensaient alors à l'horizon, ils allaient descendre dans la vallée, et une pluie fine et glaciale commençait à tomber.

Enveloppé de mon manteau, accoudé sur le tronc d'un saule, je ne pouvais me lasser de contempler ce qui se passait sous mes yeux : cette vallée aux formes irrégulières, fantastiques par l'effet des ombres ; ces deux immenses tentes blanchâtres oscillantes sans cesse, agitées par le vent ; cette pâle lueur des lampes qui les éclaire comme la lampe des sépulcres ; ce cliquetis d'armes de sentinelles qu'on relève, mêlé au bruit de la brise qui s'engouffrait dans le ravin avec ses voix et ses plaintes ; ces hommes drapés de longs manteaux, tantôt restant immobiles et pensifs, tantôt se mettant lentement en marche, laissant entrevoir une épée, fantômes menaçants au milieu des ombres ; parfois la lune, perçant d'un rayon lumineux sa ténébreuse enveloppe, éclairant d'un ton mat leurs visages, alors pâles et blêmes ; puis l'obscurité la plus profonde ; puis ces lumières qui couraient çà et là, rasant le sol comme des ames, s'abîmant en un centre commun, sans qu'on pût distinguer dans l'épaisseur des brumes ceux qui les portaient; une voix brève et impérieuse parlant un langage étranger, le bruit sec des marteaux sur la pierre, les pelles se rencontrant, et criant et grinçant comme l'acier sur l'acier, ce centre plus éclairé où s'agitaient, dans des mouvements indéfinissables d'étranges silhouettes, des moitiés d'hommes, aux vêtements rouges, blancs, paraissant, disparaissant, reparaissant encore, en jetant sur l'herbe foulée quelque chose qui retombait lourdement en rendant un son sourd et étouffé; ajoutez à cela une croix, un prêtre, et l'urne qu'on dépose auprès des morts; enveloppez toute cette scène d'un brouillard épais, à travers lequel les objets se voient dans un certain lointain et comme recouverts d'un crêpe : tel était le spectacle qui dominait tout mon être et faisait courir dans mes cheveux de mortels frissons.

Je posais les mains sur mon cœur pour en contenir le battement, j'avais peur !!!

Je les reportais à mon front, je croyais rêver et je ne rêvais pas : j'étais bien à Sainte-Hélène, près d'une tombe qu'on ouvrait !!!

Qui dormait donc dans cette tombe ?

Alors tout s'illuminait autour de moi, tout rayonnait des clartés de splendides auréoles : qui dormait là ?

C'était un homme à l'histoire duquel les siècles futurs oseront à peine croire ; un de ces hommes cachés dans les secrets de Dieu, et qu'il enfante lorsqu'il veut faire éclater sa droite ; homme qui apparaît sans qu'on sache d'où il vient, se produit comme l'étincelle du caillou sous le frottement, se révèle comme l'éclair qui jaillit d'un ciel noir, retentit au milieu des tempêtes déchaînées comme une voix de tonnerre ; homme d'une époque et non d'un pays, d'un jour unique et sans retour ; colosse d'argile et d'or dont le sculpteur brisera le moule quand il aura opéré sa fonte : tel était l'homme qui dormait là ; Dieu l'avait appelé son instrument, les hommes Napoléon !...

Un jour, inconnu, perdu dans la foule, d'un bond rapide, il en était sorti ; qui était-il ? Nul ne le savait. Où allait-il ? Demandez à Dieu. Quel était son âge ? Vingt-cinq ans. Ses titres ? Les terres d'Europe et d'Afrique. Voilà les parchemins sur lesquels il allait les écrire ; avec quelle plume ? Une épée.

Historien sublime, il tracera en lignes ineffaçables cette épopée merveilleuse, où les hommes deviendront des géants; les jours, par ce qu'ils contiennent de faits, des années ; ces faits, c'est le canon qui les publiera ; les plaines de l'Italie, les champs de Memphis et de Thèbes, les toiles qui les reproduiront, encadrées dans les lignes d'or de leurs brillants soleils ; époque sans nom et sans exemple, où l'Europe devient un camp, où tout citoyen est soldat, tout soldat un héros, où le capitaine seul règne et domine, et donne à ses légions pour tentes les palais de marbre de Venise, pour tombeau les pyramides, ces royales sépultures des vieux Pharaon. C'est l'anarchie comprimée, les échafauds veufs de leurs victimes, et si le sang coule encore, ce n'est plus sous la main du bourreau qui déshonore et qui tue, mais sous la main du soldat dont le glaive vous marque au visage mort ou vivant d'un blason glorieux. C'est le cliquetis des armes, le hennissement des chevaux, le rapide galop soulevant la poussière, le sol tremblant sous la charge des escadrons; la charrue est au repos, c'est le boulet qui laboure la terre, on n'y sème plus que la gloire, aux greniers de l'ennemi on prendra son blé ; c'est la nuit qui s'illumine des feux du bivouac, l'air qui s'embrase, l'écho qui éclate sous les voix de mille tonnerres retentissants, l'ivresse de la poudre, sa fumée noire, dans laquelle tourbillonne comme dans le séjour des tempêtes un aigle que trahit l'éclair de sa prunelle ; puis c'est le repos; une halte dans la gloire, elle rayonne partout, sur l'airain, le marbre, dans un code immortel ; c'est une nouvelle constellation dans ce ciel déjà si constellé, l'étoile de l'honneur ; les acclamations de la foule, les jours de triomphe et de solennelles actions de graces dans les temples fermés jadis, aujourd'hui par lui rouverts et devant le Christ jadis chassé, par lui glorifié : c'est le couronnement, la vieille cathédrale tremblante sous les lourdes volées de son bourdon d'airain, avec sa lumineuse rosace, bijou étincelant posé au front d'une reine, ces voûtes d'où descendent des gerbes de lumières voilées à demi par l'encens, les fleurs, les blancs panaches, les manteaux d'hermine, la foule, tout s'agite, tout se mêle, et le chant des cantiques, de l'orgue, du canon, la robe blanche du prêtre, la pourpre du cardinal, et la double tiare du pontife qui a quitté Rome, sa capitale, pour sacrer à Paris le soldat qui s'est fait Empereur.

A cet Empereur, il faut d'autres capitales, et Vienne, Berlin, Madrid, s'étonnent de voir flotter son drapeau : Moscou est envahi. César arrête ta course ; la fortune a ses caprices, et pour tout capitaine, elle a ses plaines de Pharsale et de Zama : arrête ! Dieu seul est sans lendemain. Et César n'entendait pas ces voix.

Alors viennent des jours d'effroyables désastres, une armée formidable tombe au sein même de la victoire, de longues files de fantômes disparaissent drapés dans les plis glacés d'un immense linceul, et l'horizon s'éclaire des lueurs rougeâtres de Moscou incendié, torche funèbre allumée pour d'aussi grandes funérailles. C'est l'Europe tout entière en armes, débordante, mugissante comme la mer au jour où Dieu lui permet de rompre un instant ses digues : elle s'avance, et reculerait vaincue, si au génie des batailles elle n'avait eu à opposer que la force de ses bataillons ; enfin c'est Fontainebleau, l'île d'Elbe, Paris, Rochefort. Jeux providentiels qui vont faire un homme plus grand par ses malheurs que par ses victoires, qui vont amener des jours dont l'histoire, dans les annales de son passé, chercherait en vain les pareils : enseignement merveilleux que Dieu donne aux puissants des nations et aux peuples, en leur montrant que tout s'agite dans sa main, et qu'il peut seul en l'ouvrant ou en la refermant, donner la gloire ou le malheur, abaisser ou grandir.

Voyez cet homme; il était tombé d'une hauteur inconnue jusque là, dans sa chute il s'était brisé, car il avait perdu son prestige; cet homme pouvait être vaincu : il était tombé au milieu d'une armée puissante encore : il était parti presque seul; et quelques mois s'étaient à peine écoulés, que cet homme, presque seul, débarquait sur un coin de cette terre dont on l'avait chassé : il avait confié à une barque sa fortune de César, il venait redemander un glaive, un manteau, un diadème d'empereur : il est vrai qu'il donnait en échange, le chapeau des Pyramides, le manteau de Marengo, et l'épée d'Austerlitz.

Il s'avance, sa tête est mise à prix, tant mieux; on cherchera plus facilement à le reconnaître : ce n'est pas l'ombre, les routes écartées qu'il lui faut, mais le soleil qui met en relief les grandes figures, les routes largement tracées sur lesquelles peuvent se mouvoir les bataillons; Fréjus, Grenoble, Lyon, telles sont ses étapes ; au 20 mars, Paris, voilà sa capitale, les Tuileries son palais, trois cent mille hommes son armée, Waterloo, l'arène où il se débattra foudroyé après six heures de victoire ; enfin l'hospitalité du Bellérophon et Sainte-Hélène, ce don royal d'un sépulcre, où il sera enseveli vivant. Et tant et de si grands évènements commencés et terminés en trois mois ! qui comprendra une semblable destinée ? non ce n'est point ainsi que l'homme travaille ; c'est Dieu qui fait son œuvre, et pour accomplir celle-là, du sein de son éternité, il avait laissé tombé cent jours.

Sainte-Hélène, un rocher de l'Atlantique, quel terme à une si haute fortune ; un manteau de gloire cache-t-il donc d'aussi terribles désastres ? comment les comprendre ? c'est que pour tous les hommes, quelque haut placés qu'ils soient, il y a une loi éternelle, invariable, qui n'excepte personne ; elle est la sanction de la justice divine ici bas et s'appelle l'expiation. Souvent aux yeux des hommes elle paraît sévère, impitoyable ; aux yeux de Dieu elle est pleine de miséricorde : c'est l'action du feu qui brûle, mais purifie.

Au milieu de l'histoire merveilleuse de Napoléon,

entraîné par la grandeur et la rapidité des faits, l'homme se sent prêt à tout légitimer, à tout excuser; l'homme a en lui la conscience de ses erreurs, de ses faiblesses, et s'il trouve quelques pages sanglantes, il dit : Les rayonnements du glaive empêchent d'en voir le tranchant. Si l'ambition a suscité quelques querelles, troublé le repos des hommes, il ajoute : Tout est pardonné à qui se couronne du succès ou même succombe enveloppé dans un glorieux linceul. Ainsi peut penser l'homme, ainsi ne peut penser Dieu. Devant lui, le mal est le mal, sans atténuation, sans excuse, pour ceux qui ont reçu un talent d'or et y ont mêlé de l'alliage. Ceci explique tout.

Sainte-Hélène, c'est l'action divine qui se dessine, le contrepoids dans la balance, pour de grandes erreurs une grande réparation; Sainte-Hélène, c'est encore autre chose. Ces hommes fantastiques desquels Dieu se sert par intervalles, pour enseigner le monde, doivent porter fortement son empreinte, qu'ils commandent ou obéissent, qu'ils règnent ou soient abattus. Pour Napoléon, Sainte-Hélène, c'était l'épreuve, cette pierre de touche qui fait les hommes véritablement grands et dont le frottement fait distinguer du cuivre le métal précieux. Qu'elle fut terrible, cette épreuve! Quel autre que Dieu pourrait vous dire les pensées qui se heurtaient, se croisaient dans ce front découronné! quels souvenirs, quel présent, quelles espérances peut-être! Sans doute les jours de tempêtes, alors que le ciel se couvrait de son manteau de nuages d'où sortent des voix, des foudres et des éclairs, alors que battus par la mer, les pics gigantesques tremblaient sur leurs assises et se renvoyaient, d'échos en échos, les mugissements et le fracas des tonnerres; alors, suivi de son grand maréchal, la main sur son épée, emporté dans un rapide galop, sa redingote grise flottant au vent, il pouvait se croire encore sur le terrain mouvant des champs de bataille, aux heures de ses immortelles journées : alors sans doute il était heureux et oubliait. Tout à coup son cheval s'arrêtait, se cabrait ; il se débattait devant une barrière infranchissable ou la baïonnette d'un soldat anglais criant : On ne passe pas. Quel retour, quel réveil! le brillant mirage de l'illusion s'était évanoui, la réalité pesait de tout son poids sur son ame. Deux milles carrés, c'était désormais son monde; il était captif et ne pouvait désormais déployer ses ailes sans les meurtrir aux parois de sa prison ; la chétive maison de Longwood, c'était son palais; quelques personnes, courtisans du malheur, sa cour; il ne donnait plus d'ordre aux rois de la terre, il en recevait d'un geolier; et si accablé, il allait demander aux affections qui seules ne mentent pas, les affections de la famille, consolation et courage, il se trouvait en face d'un portrait ou d'un buste, impassibles figures qui regardent sans comprendre, et par le souvenir augmentent plutôt qu'elles n'allègent les douleurs. Quelle devait être la durée de son exil? la durée de sa vie. Pendant six années, tous ont compris ses rudes souffrances, nul n'entendit ses plaintes; un soir seulement, après s'être entretenu avec Dieu, il quitta Longwood et ne revint plus. Il s'était arrêté dans une petite vallée qu'il avait longtemps désirée pour le lieu de son repos; elle avait nom alors la vallée du Géranium, depuis elle s'appela la vallée du tombeau! . . . . . .

. . . .

Le jour m'avait presque surpris au milieu de mes réflexions, les travaux touchaient à leur fin, plus de sept pieds de terre enlevée formaient un monticule sur le sol.

Lorsque les ouvrages de maçonnerie avaient été rencontrés, je m'étais levé pour puiser un peu d'eau à la source et retiré dans la tente, j'avais prononcé les prières par lesquelles l'eau devient une chose sainte et révérée; j'en avais besoin pour la cérémonie.

Je revins ensuite au tombeau, le ciseau mordait à peine sur un ciment au grain serré, il s'ébréchait sur le basalte sans l'entamer; quelquefois sous les marteaux jaillissaient des étincelles, soit qu'ils rencontrassent les veines de la pierre, soit les forts crampons en fer qui liaient toutes les parties ensemble. Il était quatre heures et la pluie redoublait d'intensité, le vent de violence; le jour faisant effort pour percer les brouillards; commençait à laisser distinguer autour de soi les objets. Quelques moments on put croire qu'il faudrait abandonner les travaux dans la direction commencée, tant la solidité presque inébranlable de la maçonnerie présentait d'obstacles; d'instants en instants des ouvriers frais se succédaient, sans que l'opération avançât sensiblement. Le capitaine Alexander qui conduisait les travaux avait déjà fait pratiquer une tranchée sur le côté, pour arriver plus promptement au lieu où reposait le cercueil, lorsque vers six heures, fatiguée, ébranlée par plusieurs heures de percussion continue, la maçonnerie céda et, facilement enlevée, laissa apercevoir la large dalle envoyée d'Angleterre, qui couvrait le caveau dans toute son étendue. Il pouvait être huit heures.

Un instant les travaux s'interrompirent, pendant que tous étaient allés prendre leur grand uniforme ; les ouvriers, les domestiques dont la présence n'était plus nécessaire, furent éloignés. Une double haie de soldats du 91e se forma autour de la tombe et de l'enceinte, à l'intérieur. Deux autres lignes de la milice stationnaient à une certaine distance, l'une sur flanc des collines adjacentes; l'autre en couronnait les plateaux. Une chèvre avait été disposée pour lever la dalle; son action devait s'exercer au moyen de crochets passant dans des anneaux incrustés fortement dans la pierre. Quand tout fut disposé, M. Alexander, par une opération préparatoire, soulevant légèrement la dalle, et ayant ainsi fait l'effet de ses forces, tous se découvrirent spontanément. Revêtu du rochet, du camail et de l'étole, je pris le premier rang à la tête du tombeau; près de moi, un enfant de chœur avec le bénitier, tandis que l'autre en face, tenait élevée la croix. Derrière lui se pressaient les témoins anglais; de mon côté,

M. le commissaire du roi, entouré de MM. le lieutenant-général, grand maréchal du palais, comte Bertrand, baron Gourgaud, baron de Las Cases, député, Marchand, Arthur Bertrand, le docteur Guillard, les trois capitaines de corvette, et les vieux serviteurs de l'Empereur.

A un commandement tacite, un signe de la main, les ouvriers se mirent aux cordages, et la dalle déplacée, cédant à leurs efforts, s'éleva carrément et avec lenteur; puis, déposée sur le sol, laissa apercevoir un cercueil : il était alors neuf heures et demie.

Ce fut à la prière à troubler seule le silence de la tombe, elle y descendit avec l'eau sainte, puis remonta vers Dieu dont les épreuves ne sont si cruelles, que parce que ses jugements sont pleins de miséricorde. Je puis l'attester, protestants, catholiques, priaient avec le prêtre, confondus dans la même croyance, sans efforts, par instinct; tous comprenaient que, mort ou vivant, l'homme a toujours besoin de Dieu.

Le cercueil était placé à une profondeur de dix pieds environ, sur une large dalle assise elle-même sur des cubes en pierre de taille; sa longueur pouvait être à peu près de six pieds sur trois pieds dans sa plus grande largeur ; il était en acajou, ne présentant au premier coup d'œil aucun indice d'altération ; quelques uns des clous d'argent qui en fixaient les parois, avaient conservé leur brillant, et des lambeaux de velours garnissaient encore à l'extérieur sa couche inférieure. Après la récitation des premières prières, le docteur Guillard descendit dans la fosse pour examiner quelles précautions sanitaires il serait convenable de prendre; puis, à l'aide de forts cordages, le cercueil soulevé quitta le lit où il reposait depuis bientôt vingt années. Douze soldats du 91e s'avancèrent tête nue, malgré la pluie qui tombait alors avec force, et, précédés de la croix et du prêtre, suivis du cortège français et anglais, portèrent sur leurs épaules le cercueil impérial jusque dans la tente qui avait été préparée pour le recevoir; arrivé là, je terminai les prières de la levée du corps.

L'ouverture des cercueils ayant été décidée par M. le commissaire du roi, et consentie par les commissaires anglais, après quelques précautions sagement prises par le docteur Guillard, la première enveloppe fut enlevée, et en laissa à découvert une seconde : elle était en plomb, parfaitement conservée dans toutes ses parties, on la plaça immédiatement dans le sarcophage d'ébène; là, les plombiers détachèrent la lame supérieure et la roulant, une troisième caisse en bois des îles apparut : le silence le plus profond régnait dans cette enceinte, où les personnes désignées étaient seules présentes, et à mesure que les travaux s'avançaient, ils prenaient un caractère plus grave et plus religieux. La planche supérieure fut détachée, et le dernier cercueil se présenta à nos regards : il était en fer-blanc, en bon état, quoique légèrement oxidé. Un galop de cheval se fit en ce moment entendre; les sentinelles livrèrent passage à de nouveaux personnages. C'étaient deux officiers anglais en grand uniforme, le gouverneur, son fils, son aide-de-camp, et un lieutenant de vaisseau, M. Touchard, officier d'ordonnance, que S. A. R., impatiente, envoyait pour s'informer des progrès de l'opération.

Après les dernières préparations sanitaires, le fer-blanc, entr'ouvert avec le ciseau, céda, rendant un son sec et métallique. Tous instinctivement se rapprochèrent; le 91e et la milice, en cordon serré, ceignirent la tente dont la portière à demi soulevée retomba : la plaque fut enlevée, et nos regards, avidement empressés, vinrent...... se heurter contre une masse blanchâtre qui recouvrait le corps dans toute son étendue. M. Guillard, la touchant, reconnut un coussin de satin blanc qui garnissait, à l'intérieur, la paroi supérieure du cercueil : il s'était détaché, et enveloppait la dépouille comme un linceul.

Quels sentiments se pressaient alors dans nos ames ! je n'essaierai pas de décrire la solennité de ce moment; quelque effet qu'on pût rendre, on n'y atteindrait pas. Je sais seulement que je tremblais, que toutes les physionomies étaient émues, l'attitude recueillie, qu'un seul bruit pouvait s'entendre, le battement du cœur. C'est qu'on ne trouble pas la mort dans son œuvre, même pour un acte pie, sans qu'elle ne pèse sur l'ame du poids de toutes ses terreurs : puis, qu'allions-nous trouver ? Qu'avait fait la mort pendant vingt années ?.....

Pendant vingt années, la mort avait respecté Napoléon !.....

Le satin était enlevé, et Napoléon reposait doucement, habillé de son uniforme de chasseur de la garde, avec son ruban, sa grande plaque de la légion d'honneur, sa culotte de casimir blanc, ses bottes éperonnées ; et comme il dormait, sur ses genoux il avait posé son chapeau.

Je l'avoue, qui aurait pu oublier ce qui s'était passé, ce que nous faisions ; qui n'aurait vu ni bière, ni sépulcre, et eût aperçu dans un certain jour à travers une gaze, et sur un lit, le corps de Napoléon, aurait certes pu croire qu'il reposait paisiblement. Telle fut notre première impression qui se traduisit par un mouvement indéfinissable. Nos regards interrogeaient tour à tour les nobles témoins de sa mort, et leurs yeux noyés de larmes nous disaient assez qu'ils avaient retrouvé leur maître. Nous imposâmes silence à nos émotions pour voir et bien voir.

Tout le corps paraissait couvert comme d'une mousse légère ; on eût dit que nous l'apercevions à travers un nuage diaphane. C'était bien sa tête : un oreiller l'exhaussait un peu ; son large front, ses yeux dont les orbites se dessinaient sous les paupières, garnies encore de quelques cils ; ses joues étaient bouffies, son nez seul avait souffert uniquement dans la partie inférieure, sa bouche entr'ouverte laissait apercevoir trois dents d'une grande blancheur; sur son menton se distinguait parfaitement l'empreinte de la barbe; ses deux mains surtout paraissaient appartenir à quelqu'un de respirant encore, tant elles étaient vives de ton et de coloris; l'une d'elles, la main gauche, était un peu plus élevée que la droite. J'en sus depuis la raison ; le grand maréchal, au moment où le cercueil se fermait, l'avait baisée et n'avait pu la replacer dans sa position première. Ses ongles avaient poussé après la mort; ils étaient longs et blancs. Une de ses bottes était décousue, et laissait passer quatre doigts de ses pieds d'un blanc mat; son habit, nous l'avons dit, était celui des chasseurs de la garde, avec sa forme échancrée sur le devant, ses parements rouges, car les couleurs se reconnaissaient. Ses grosses épaulettes d'or étaient noircies, ainsi que la grande plaque et quelques autres décorations qu'on distinguait sur sa poitrine. Le grand cordon de la Légion d'Honneur tranchait de sa couleur rouge son gilet blanc; sur sa culotte de casimir se trouvait son petit chapeau; entre ses jambes, les deux vases contenant son cœur et ses entrailles : un aigle en argent les surmontait. Nous pouvions distinguer aisément tous ces objets, et

M. Guillard, examinant en médecin, c'est à dire en palpant avec une attention extrême ces restes, appelant de son nom chaque chose qu'il rencontrait ou touchait, les signalait ainsi plus particulièrement à notre examen.

Il était une heure et un quart alors, et quelques minutes après, la constatation ayant été faite de manière à ne laisser planer pas même l'ombre d'un doute touchant l'identité; sur les instances réitérées du docteur qui craignait les influences atmosphériques, à la privation desquelles le corps avait dû jusque là sa conservation, le coussin de satin, enduit de quelques préparations chimiques,fut replacé avec soin, et tout aussitôt la plaque de ferblanc retomba. Il était temps pour tous, surtout pour ceux qui l'avaient connu, et que son amitié, sa confiance, avaient particulièrement honorés.

De quels sentiments devaient être agités, en effet, le grand maréchal, ce fidèle dépositaire des secrets de son maître, dans sa double fortune; le général Gourgaud qui à trente ans avait tout quitté pour le suivre, patrie, famille, préférant près de lui un exil volontaire; M. de Las Cases, dont il avait enseigné la jeunesse; Arthur

Bertrand qu'il avait bercé sur ses genoux; Marchand, dont le nom aujourd'hui est devenu proverbial, quand il s'agit de fidélité et de dévoûment.

Quant à moi, j'aurais voulu pouvoir exprimer mes pensées : ce lieu, cette scène, ce cadavre, tout eût prêté un poids bien puissant à la parole du prêtre : c'était donc là qu'aboutissait toute destinée humaine, qu'elle se fût drapée de la pourpre ou du haillon, qu'elle eût rampé dans la poussière ou se fût couronnée du soleil. Construisez donc de magnifiques édifices pour passer vivants, bientôt vous y séjournerez morts; c'est le nom seulement à changer : palais aujourd'hui, et demain tombes. C'était en vérité bien la peine de traîner après soi toute l'Europe, d'avoir et princes et rois pour courtisans, de commander à des millions d'hommes, à la victoire, d'être supérieur même au malheur, pour subir le sort commun et dormir du même sommeil : agitez-vous donc, prenez de la peine, remuez-vous dans de mesquines ou de nobles ambitions, haussez-vous sur les pieds pour dépasser les autres de la tête, appelez-vous de tel nom ou de tel autre, faites le bien, faites le mal, marchez à pas lents ou à pas de course, vous arriverez toujours, vous heurterez une même pierre, la pierre du sépulcre qui se refermera sur vous et vos œuvres; et vous savez ce qu'on trouve au fond d'un sépulcre, Dieu et son exacte justice. . .

. . . .

Mais déjà la première enveloppe de plomb avait été soudée sur le cercueil en bois des îles, refermé lui-même; une nouvelle soudure fixa le second cercueil en plomb, et enfin deux autres enveloppes, l'une en ébène, l'autre en chêne, recouvrirent ces quatre cercueils, qui devaient assurer la conservation de cette grande dépouille. Toutes ces opérations furent faites sous les yeux et la direction du docteur Guillard, qui, à cet instant, put prendre un peu de repos, repos bien nécessaire, après cinq heures d'un travail difficile et continu.

A trois heures tout était terminé : alors M. Alexander, devant les officiers anglais et français, donna à M. de Chabot la clef du cercueil, en lui faisant une première remise. Les préparatifs du départ furent bientôt achevés. Sur le char funèbre, attelé de quatre chevaux caparaçonnés de deuil, le cercueil fut déposé par des soldats d'artillerie qui l'entourèrent pendant tout le trajet. Le poële funèbre avec ses aigles couronnées, ses abeilles en or sur velours violet, sa large croix d'argent et sa bordure d'hermine, fut déployé et retomba sur le char qu'il couvrit entièrement de ses riches draperies; huit ou dix valets de pied en grand deuil se tinrent à la tête des chevaux.

MM. Bertrand, en uniforme de lieutenant-général, ayant le grand cordon de la Légion d'Honneur; Gourgaud, portant l'habit de lieutenant-général d'artillerie; de Las Cases, celui de député; Marchand, celui de lieutenant de la garde nationale de Paris, prirent les glands des cornières, et un coup de canon retentissant au loin donna le signal du départ; l'eau tombait alors presque par torrents.

Le convoi se mit en marche dans l'ordre suivant :

Un détachement de la milice; deux enfants de chœur, l'un portant la croix, l'autre le bénitier; je venais ensuite en costume de chœur, rochet, camail, étole.

Le char funèbre, au milieu d'une haie d'honneur; à sa tête, le lieutenant-colonel Trelawney, commandant en personne l'escorte.

Derrière, les serviteurs de l'Empereur, son excellence le gouverneur, M. le commissaire du roi, le major-général Churchill, quartier-maître général des forces anglaises dans l'Inde, acompagné de deux aides-de-camp; il était arrivé du Cap peu de jours avant; enfin tous les officiers français et anglais en grand deuil : le capitaine Alexander était à cheval afin de se porter sur tous les points pour donner des ordres.

Le chemin par lequel on sort de la vallée forme une rampe escarpée, aussi cette partie de la route fut-elle difficile à gravir; plusieurs fois les artilleurs mirent eux-mêmes la main aux roues; enfin on arriva sans accident sur le plateau, là toute la milice de l'île nous attendait en armes, ainsi que le bataillon du 91e.

Au premier coup de canon, la frégate avait répondu, et de minute en minute elle alterna avec les forts.

La milice, suivie du 91e, prit la tête du cortège; une musique, composée de fifres, de flûtes et de tambourins, venait ensuite; puis, le reste du convoi dans l'ordre indiqué.

Déjà nous avions commencé à prendre le pas

de procession, lorsque l'impossibilité de nous rendre avec ce pas, avant la nuit, nous fit hâter la marche : il était plus de trois heures, quand nous avions quitté la vallée, et une grande lieue et demie nous restait encore à faire. Toute la population de l'île se pressait des deux côtés de la route; à mesure que nous descendions, la pluie diminuait sensiblement, et grace aux accidents du terrain, il était facile de voir que plus loin rien n'avait altéré la sérénité du temps.

Nous marchions déjà depuis plus d'une heure. Nous avions traversé des bois de sapins et de mélèses qui masquaient la vue, lorsque tout à coup la route tourna, et la mer étala son immensité sous nos yeux.

Dans la rade, quinze bâtiments de guerre ou de commerce, leurs vergues apiquées, leurs pavillons à mi-mât, en signe de deuil, et au milieu d'eux, la *Belle-Poule*, des flancs de laquelle s'échappait par instants l'éclair et le fracas de la foudre : en face de nous une immense montagne couronnée par des batteries nous saluant de leurs volées. Si ce spectacle était pour nous plein de magnificence, un autre plus beau, peut-être, se déroulait aux regards des équipages des bâtiments, groupés sur les ponts, les dunettes : leurs yeux pouvaient suivre la marche du cortège, tantôt se pressant confus dans un ravin, tantôt serpentant sur le revers d'une colline, s'évanouissant à demi effacé dans des brumes légères, tantôt resplendissant sous un rayon de soleil qui commençait à percer les nuages.

Bientôt nous eûmes atteint et dépassé Briars ; à un quart de lieue de la ville, on s'arrêta pour se reformer et reprendre le pas solennel des marches funèbres. La musique de la milice fit alors entendre un air plaintif et d'une mélancolie qui remuait l'ame. Si mes souvenirs me servent bien, l'air de l'*Adeste* du jour de Noël, chanté très lentement, pourrait en donner l'idée.

Arrivés à Jame's Town, la milice s'était arrêtée, formée en haie, depuis les premières maisons jusqu'à l'embarcadère du quai, les hommes tenant leurs fusils renversés, le canon touchant la terre, et la tête appuyée sur la crosse ; toutes les maisons étaient closes, les rues désertes, les fenêtres seules et les terrasses garnies de spectateurs silencieux, pour la plupart en deuil.

Tout prit alors un caractère extraordinaire et indicible : ces soldats basanés, vêtus de noir, immobiles comme autant de statues du silence, ce char funèbre dont les roues crient sur leur axe, cette musique si douce et si triste, ces roulements du canon des forts et de la frégate, dominés par le canon de la ville qui envoie ses feux par salves, les honneurs royaux qui se rendent sur cette terre, à celui à qui tant de fois l'on prodigua l'insulte et l'outrage, ces lourdes portes qui s'ouvrent, ces pont-levis qui s'abaissent, le ciel devenu d'azur, le soleil qui avait pris ses rayons d'Austerlitz, ce riche vêtement d'hermine et d'or semé d'abeilles, manteau impérial sous lequel, à Sainte-Hélène, le *général* a disparu pour faire place à l'*Empereur-Roi*; ces quatre grands aigles qui, sur leurs ailes étendues, semblent l'arracher à l'exil pour le reporter au sein de sa patrie; tout cela produisait un tableau magique, tant étaient nombreux les souvenirs et grands les contrastes.

Les portes franchies, une partie du quai que baigne la mer parcourue, nous aperçûmes nos brillants états-majors, chapeau bas, en costume sévère et riche tout à la fois, bleu et or, ayant à leur tête S. A. R. Mgr. le prince de Joinville, commandant-supérieur de l'expédition, en uniforme de capitaine de vaisseau, avec le grand cordon de la Légion-d'Honneur, accompagné de son aide-de-camp, M. Hernoux. A quelques pas d'eux le cortège s'arrêta, la musique du prince exécuta des harmonies funèbres; je pris aussitôt les devants et présentant à Mgr. le prince de Joinville l'eau bénite, il en jeta sur le cercueil; puis son Excellence le gouverneur s'approcha et lui fit, au nom du gouvernement anglais, la remise des restes mortels de l'Empereur Napoléon.

Le prince, dans quelques mots simples et dignes, le remercia, ajoutant qu'il serait heureux et fier de remettre au gouvernement du Roi, son père, la précieuse dépouille dont il devenait le dépositaire.

Pendant ce temps, la chaloupe, décorée d'aigles et d'ornements noirs, avait accosté le quai pour recevoir le cercueil; peu après il était descendu dans la chambre, recouvert du poële impérial. S. A. R. était à la barre avec son aide-de-camp et M. de Chabot; à leurs places MM. Bertrand, Gourgaud, de Las Cases, Marchand, le prêtre; à l'avant, M. Guyet, commandant de la *Favorite*, et vingt-huit hommes le crêpe au bras.

tête nue, aux rames; six noires embarcations, contenant tous les officiers, se rangèrent autour de nous.

A six heures et quart, au moment où le prince donna le commandement de pousser au large, les trois couleurs brillèrent à tête de mât, un immense éclair illumina l'horizon, une ligne de feu sillonna les flancs de la *Belle-Poule*, de la *Favorite*, de l'*Oreste;* un nuage épais les entoura, et de ce nuage sortirent des tonnerres dont les montagnes de Leader-Hill et de Meuden se renvoyèrent en mugissant les échos : cent coups de canon annonçaient que la dépouille de l'Empereur Napoléon reposait sous le pavillon de France.

La population de l'île se pressait sur les quais et les remparts. Cette marche lente des canots avait quelque chose de si solennel ! par intervalles seulement les rames touchaient la mer et imprimaient un mouvement lent et plein de majesté; trois fois pendant le trajet, des bordées de cent coups de canon ajoutèrent à la grandeur, à l'imposant de ce spectacle unique.

Vous représentez-vous ce cercueil drapé d'un manteau de roi, entouré de ce qu'une nation peut avoir de plus illustre, d'un prince royal, de députés, de généraux, de braves marins dans leur tenue de fête, d'un prêtre en habits sacerdotaux, escorté de six embarcations remplies d'officiers chamarrés de broderies et d'or, voguant en silence sur une mer tranquille, rougie des derniers feux du soleil : puis, ce silence rompu, l'air déchiré, éclatant sous les voix de trois cents bouches à feu, et perçant ces nuages épais de blanche fumée, des mâts chargés de pavois aux mille couleurs, et des vergues, pyramides vivantes, couvertes de matelots. Non, quoi qu'il puisse advenir, rien ne peut faire oublier une pareille scène : c'est au cœur qu'elle a creusé son souvenir.

Nous étions arrivés. Le commandant avait disposé l'arrière de la frégate en chapelle ardente. Tous les officiers se rangèrent en deux haies, le sabre à la main, depuis la coupée jusqu'au cabestan ; un fort détachement présenta les armes, le tambour battit aux champs, et, porté par nos matelots, le cercueil traversant ces lignes, fut déposé sur les deux panneaux comme sur une estrade ; puis, chacun ayant pris la place qui lui avait été assignée, je prononçai, à la clarté des torches, les prières de l'absoute : il était sept heures alors.

Ainsi se termina cette grande journée si remplie d'émotions. Les vœux de la France étaient exaucés, la pensée si pleine d'élévation du Roi réalisée. De la part des Anglais une éclatante réparation avait été faite; de la nôtre, un grand acte de justice consommé : placé sous le pavillon national, l'Empereur dormait déjà sur la terre de France.

Aussitôt la cérémonie religieuse achevée, l'arrière de la frégate fut interdit à tous : quatre sentinelles d'honneur, relevées d'heure en heure, les officiers de quart en grand uniforme, demeurent seuls. Le corps restant exposé toute la nuit en chapelle ardente sur le pont de la frégate, le devoir dut me faire oublier que j'en étais à ma troisième nuit de veille, et je me joignis à eux.

Adossé au mât d'artimon, entouré de panneaux de velours aux ornements d'argent, soutenu par des aigles, se dressait un autel; on y montait par quatre marches recouvertes de noirs tapis. Un trophée militaire de pierriers et de drapeaux, de fusils et de piques, de cyprès et de lauriers, de palmes et de haches d'abordage, masquaient les manœuvres; aux deux côtés, des canons, des piles de boulets, des faisceaux d'armes : au pied de l'autel, posé sur un drap de velours noir, à la croix blanche bordée d'un galon d'or, s'élevait le catafalque, couvert de ses riches draperies de deuil, et portant sur un coussin une couronne voilée; des cassolettes entretenues avec soin laissaient échapper incessamment la fumée de l'encens ; quelques personnes immobiles, ou se promenant lentement : tel se présensentait ce tableau qu'éclairaient trente fanaux et des bougies supportées par des ifs d'argent.

Bientôt le plus profond silence régna sur le pont, et l'on n'entendit plus que le pas mesuré et uniforme des factionnaires, le sifflement de la brise dans les cordages. Naturellement l'ame devait se replier sur elle-même, s'interroger ou se ressouvenir; tout prêtait à la méditation : si l'on jetait les yeux au ciel, une riche tenture de crêpe s'étendait au dessus de nos têtes, et Dieu l'avait semé d'étoiles; si on interrogeait l'horizon, la mer, développant au loin son immensité, vous donnait le sentiment de l'infini; si les regards tombaient sur les objets environnants, ils rencontraient un cercueil et une croix, la terreur et l'espérance.

Comment la croix protégeait-elle de sa vertu cet homme, fils d'une époque tourmentée, laquelle avait répudié toute croyance, aboli tout culte extérieur, profané tout autel : comment s'était accompli ce prodige !

Sous des voix puissantes pour détruire, un jour tout s'était écroulé, institutions antiques, monarchie consacrée par la majesté des âges, prêtres, encensoirs, tabernacles, temples du Dieu vivant, et la Croix qui sauva le monde !

A toute prévision humaine, il semblait que c'en était fait d'elle, lorsque Dieu, qui parfois se cache et reparaît suivant ses desseins, suscita un homme : il le dota du génie, ce fut sa première couronne ; il le tailla à une telle mesure que tous purent comprendre son origine ; puis il le laissa agir : et quand cet homme, debout au milieu des ruines, voulut reconstruire une société qui n'était plus, il chercha dans les débris du grand naufrage : ses mains rencontrèrent bien une couronne et un sceptre ; trop étroite pour son front, trop léger pour son bras, il put bien les transformer en un diadême et un globe d'empereur. Mais la société ne se refaisait pas : de nouveau il courba sa taille de géant et chercha encore : ses mains trouvèrent un morceau de bois rude et sanglant, c'était la Croix : et se ressouvenant aussitôt de sa puissance civilisatrice, il la saisit et la replaça lui-même sur le dôme des palais et des temples, en lui disant: « A toi de sauver la société, toi qui portas dans tes bras le Libérateur et le Sauveur du monde ! »

Aussi quand plus tard, au sein de l'Atlantique, mourant emprisonné sur une roche anglaise, aux heures de sa lente agonie, il demanda à Dieu secours, quand, appelant près de lui le prêtre du Seigneur, il prononça ces mémorables paroles : « Je suis né dans la religion » catholique, je veux remplir les devoirs qu'elle im- » pose et recevoir les sacrements qu'elle administre. » Vous direz tous les jours la messe dans la chapelle voi- » sine, et vous exposerez le Saint-Sacrement pendant » les quarante heures. Quand je serai mort, vous place- » rez votre autel à ma tête, dans la chambre ardente, » puis vous continuerez à célébrer la messe. Vous ferez » toutes les cérémonies d'usage, et vous ne cesserez » que lorsque je serai enterré : » quand, dis-je, il fit cette profession si solennelle de la foi catholique, la croix vint-elle les bras étendus pour les refermer sur lui dans un sublime pardon ; souvenir reconnaissant du passé, gage ineffaçable d'expiation et d'espérance; et voilà pourquoi encore aujourd'hui la croix veillait sur le cercueil. . . . .

. . . .

Le vendredi 16 avait été fixé pour la cérémonie religieuse à bord : à neuf heures, les vergues de la *Favorite*, de l'*Oreste*, des deux bâtiments de commerce, la *Bonne Aimée* de Bordeaux, capitaine Gillet, et l'*Indien* du Hâvre, capitaine Truquetil, furent mises en pantenne; les pavillons descendirent à mi-mât; puis de nombreuses embarcations s'en détachant, portèrent à la frégate tous les officiers, et près de 200 matelots des divers équipages.

A neuf heures et demie, le tambour rappela dans la batterie et sur le pont. M. Touchard, officier d'ordonnance du Prince, faisant les fonctions de maître de cérémonie, assigna à chacun son poste. Du grand mât au gaillard d'avant, huit cents hommes, tête nue, en lignes serrées; du cabestan au grand mât, tous les états-majors en grande tenue, le consul de France et les deux capitaines des bâtiments de commerce avec leurs seconds et leurs passagers. Devant le cabestan,

S. A. R. Monseigneur, ayant à sa droite M. Hernoux, son aide de camp, à sa gauche M. de Chabot. Sur une estrade, le catafalque, aux coins MM. de la mission ; sur le même plan, les quatre plus anciens maîtres de la division. Un peu en arrière, les serviteurs de l'Empereur ; rangés en haie, soixante hommes en armes, commandés par le brave lieutenant de vaisseau, L. Guillon-Pennaros, en 1812 déjà élève de la marine impériale ; au pied du mât d'artimon, l'autel richement orné ; sur la dunette se groupa la musique. La frégate avait conservé ses pavois ; au grand mât flottait le pavillon impérial.

A dix heures, un coup de canon retentit, les tambours roulèrent, la musique commença une marche funèbre ; et, précédé de la croix, de deux acolytes portant les flambeaux, de deux autres tenant l'eau et l'encens, revêtu de la chasuble, je m'avançai au pied de l'autel et commençai la célébration des divins mystères. Nous avions pour voûte le ciel, pour nef la mer, pour lampe le soleil, pour cloches le canon ; car de minute en minute, la *Favorite* et l'*Oreste* se renvoyaient le feu de leurs batteries. A l'élévation, au moment où le prêtre, recueilli en lui-même, parle seul et commande à Dieu, la voix de l'officier traversa le silence, les hommes présentèrent les armes, les tambours battirent aux champs et le pont de la frégate trembla en rendant un son sourd et étouffé ; mille hommes venaient de tomber à deux genoux : et l'on n'entendit plus que le silence; car ces mille hommes prosternés devant Dieu priaient... Oui ! ils priaient à deux genoux et tête baissée : en présence de ce cercueil, devant l'hostie sainte, la pensée du Très-Haut se révélait dans sa toute-puissance à leur ame ; ils sentaient que Dieu seul était grand. Oui, agités par cette impression, par les souvenirs du jeune âge, ils durent prier ou se souvenir, pendant que la messe se poursuivait. Tout élevait l'ame : un ciel magnifique des tropiques, une mer calme reflétant ses riches nuances, un air embaumé d'encens, des mélodies funèbres, le bruit du canon, l'autel élevé, duquel le prêtre faisait monter vers Dieu la prière pour qu'il daignât pardonner et bénir ; tout parlait au cœur un langage suave et consolant à entendre. Je ne rends pas mes impressions, je ne voyais pas, moi, je priais ; je rapporte seulement ce que tous m'ont dit et mille fois répété.

La sainte messe terminée, ayant quitté ma chasuble,

pris l'étole et la chape, je commençai les prières de l'absoute solennelle, faisant plusieurs fois le tour du catafalque, en y jetant l'eau sainte et y faisant fumer l'encens. Après la récitation de la dernière prière, je présentai l'eau bénite à S. A. R. qui en jeta sur le corps. Après lui, tous selon leur rang vinrent accomplir la même cérémonie; les premiers maîtres furent admis à cet honneur.

L'office divin fini, le cercueil, suivi de tout le cortége, fut porté du pont dans la chapelle, où il dut demeurer jusqu'au jour où, sur la terre de France, la coupole d'or des Invalides formerait sa dernière couronne; et pendant que je récitai le psaume 109me, une bordée de cinquante coups de canon annonça la fin des solennités funèbres.

Ainsi se termina la mission à Sainte-Hélène. Tout avait réussi au gré de nos désirs. Nous ne remportions pas quelques restes sans figure, ce je ne sais quoi, dit Bossuet, qui n'a plus de nom dans aucune langue, mais une dépouille sur le front de laquelle se lit encore, Napoléon. Aucune difficulté n'avait entravé nos opérations; toutes les mesures avaient été prises avec sagesse et habileté par le Prince, cemmandant supérieur de l'expédition et M. le commissaire du Roi, et d'ailleurs, si quelque obstacle imprévu fût survenu, la présence de S. A. R. eût tout aplani, tant ses manières si pleines de dignité et de bienveillance lui avaient conquis tous les esprits.

La population l'avait reçu avec empressement. Quant à nous, nous avions trouvé dans l'Ile, de la part des autorités et des habitants, l'accueil le plus cordial. Rien que des paroles amicales et jamais on ne nous parla du général Buonaparte, toujours de l'Empereur Napoléon. Dans les salons nous rencontrions son portrait ou les grandes actions militaires de son règne. Les dames avaient voulu coudre elles-mêmes la soie du pavillon impérial. Chaque maison nous était ouverte et une réception engageante nous y attendait.

Les compagnons d'exil de Napoléon furent surtout les fêtés et les privilégiés, et c'était justice. On les recherchait avec empressement, on les retrouvait avec bonheur. Tous s'efforçaient de leur faire oublier que la terre qu'ils foulaient avait produit pour eux de sanglantes épines. Un surtout parmi eux était l'objet des soins et des attentions les plus délicates; c'était le grand maréchal. Tous savaient que pendant la fortune du héros, il faisait bon marché de sa haute position et qu'il n'en avait énergiquement réclamé les droits qu'au jour de ses malheurs.

J'aurais regret de ne pas mentionner ici les noms de deux officiers anglais, dont nous eûmes plus particulièrement à nous louer, M. Hamelin-Trelawney, lieutenant-colonel, commandant l'artillerie, dont les pensées étaient empreintes de tant de noblesse et de loyauté; M. le capitaine de génie Alexander, par qui les travaux de l'exhumation furent dirigés non seulement avec un rare talent, mais encore avec un tel sentiment de convenance qu'il lui valut toute notre gratitude.

Rien ne nous retenait plus; nous désirions partir de Sainte-Hélène le 17 octobre, ce jour même où, il y avait vingt-cinq années, l'Empereur y était descendu; mais les copies à faire du procès verbal nous forçèrent d'ajourner notre départ.

Pendant la journée du samedi, éclairée par des fanaux et gardée par quatre sentinelles, la chapelle fut religieusement visitée par une grande partie des habitants; le soir elle fut fermée, et pendant la traversée un poste d'honneur veilla constamment à ses portes. A minuit nous apprîmes que les copies terminées, seraient signées le matin, et le lendemain, à huit heures, aussitôt après l'arrivée de M. de Chabot, nous étions sous voiles.

IV.

RETOUR.

Quelque temps, les trois bâtiments naviguèrent de conserve, mais bientôt l'*Oreste*, destiné pour la Plata, en prit la route, ses haubans se garnirent de matelots, son pavillon descendit et remonta, et les cris de *vive le Roi*, mêlés aux éclats du canon, saluèrent le Prince Royal qui, de la main, leur faisait ses adieux, cherchant à leur faire parvenir l'expression de ses vœux et de ses souhaits.

Nous nous éloignions de la terre, vent arrière, poussés par des brises molles, aussi l'Ile nous resta-t-elle longtemps en vue, et nous fut-il donné de considérer un spectacle digne d'étonnement. Formé par les arêtes de

Barn's-Point, un profil colossal se dessinait à nos regards et nous présentait la figure bien connue de Napoléon.

Singuliers jeux de la nature ! qui les expliquera? tous les jours on rencontre dans un site, dans une montagne, diverses configurations, une forteresse, un cheval, un géant couché; mais trouver la figure d'un homme historique, aux lieux mêmes qu'il a rendus célèbres, c'est quelque chose de bien étrange; je comprends maintenant que son nom ne fut pas écrit sur sa tombe à la manière des mausolées antiques, elle était surmontée de sa tête.

Cette vue, qui nous frappa tous également, ramena nos pensées et nos conversations sur l'Empire, chacun apprécia diversement ses faits, et le caractère de celui qui le fonda; mais tous se réunirent dans cette pensée, qu'avec lui tomba le régime que seul il pouvait soutenir; et en effet, Napoléon fut l'homme d'une époque exceptionnelle et non organique; tout s'était résumé en lui, avec lui tout dut disparaître. La providence donna au père un enfant, mais non point un prince impérial à l'Empereur. Voyez, quand sa couronne chancela, il ne put en ceindre la jeune tête de son fils, et quand le père mourut, Dieu tout aussitôt rappela l'enfant.

Ce fut un instrument dont Dieu se servit et qu'il brisa quand il eut mis à fin son œuvre; cette œuvre était toute de transition : quand une immense montagne, ébranlée par des convulsions volcaniques, se déchire, laissant entre ses deux parties un gouffre, un ouvrier puissant jette d'une main hardie un pont qui, en les rattachant, permet de réparer le désastre; un jour le pont s'écroule, qu'importe, l'abîme a été comblé, la distance franchie.

Quand Napoléon aura touché la terre de France, que les jours de son apothéose auront brillés, quand il reposera aux Invalides, dans le tombeau élevé par la patrie reconnaissante, il ne lui manquera plus qu'un monument, celui que pour les âges futurs élève l'histoire. Pour tracer cette grande époque, il fallait une plume de littérateur, une pensée de politique, l'historien est trouvé.

Notre navigation se continua sans incident jusque

sous l'équateur; chaque jour je descendais à la chapelle réciter les prières des morts, et la sainte messe, à laquelle assistait tout l'équipage, le prince en tête, y fut célébrée toutes les fois que l'état de la mer le permit. Il est inutile, je pense, de dire que les sentiments de la plus haute convenance régnèrent toujours à bord; chacun retiré dans sa chambre mettait en ordre ses notes ou fixait au crayon ses souvenirs; les trois grandes scènes de la réception officielle du corps, du retour à la frégate et de la cérémonie religieuse, furent reproduites avec un rare bonheur et une grande exactitude par MM. Chedeville, commissaire de la frégate, et Basin, enseigne de vaisseau.

Sous la ligne, un incident assez grave rompit la monotonie de notre traversée; c'était le 2 novembre, la fête des morts, je venais de terminer l'office divin par les prières de l'absoute, selon l'usage de ce jour; S. A. R. remontait sur le pont suivi, de tous ces messieurs, lorsqu'au loin, on aperçut la *Favorite*, chassant pour reconnaître un bâtiment à l'horizon; bientôt elle l'eut joint et peu après, une embarcation mise à la mer rallia la frégate; le commandant de la *Favorite* et un officier, M. Lapierre, étaient dans la chambre : montés à bord, ils communiquèrent au prince un journal hollandais à la date du 7 octobre; les nouvelles qu'il donnait étaient graves : déjà à Sainte-Hélène quelques bruits de guerre avaient vaguement couru, mais ce journal la déclarait imminente entre la France et l'Angleterre; la question d'Orient avaient désuni ces deux puissances : les Anglais, en commençant les hostilités sur les côtes de Syrie, avaient amené, disait-il, une conflagration générale ; il donnait de plus quelques détails sur la seconde tentative insensée du prince Louis.

Ces nouvelles ne pouvaient attrister, on le pense bien, de jeunes officiers pleins d'ardeur, cependant elles les émurent vivement : pour le prince surtout, la mission prenait un nouveau caractère; il ne devait plus seulement alors rapporter paisiblement en France les restes précieux qu'il était allé chercher; mais si la guerre avait éclaté, il devait les défendre : il le comprit aussitôt, et quoique rien ne fût encore certain, avec la prudence d'une expérience consommée, il arrêta ses dispositions et donna des ordres. La *Favorite* dut se séparer de nous : peut-être pouvait-elle retarder notre marche; une raie blanche de batterie donna un nouvel aspect à la frégate. MM. de la mission, ainsi que moi, dûmes céder nos chambres à des locataires à la voix plus haute, au ton plus brutal, à la colère meurtrière : six canons de 30 nous remplacèrent, les parcs se garnirent de boulets, les branle-bas de combat se multiplièrent, enfin tout fut mis sur un pied qui excluait la possibilité d'une surprise, et donnait de grandes chances à la défense. Nous pouvions mourir, mais être pris, jamais !

Je dois dire que ce fut une scène touchante que notre séparation de la *Favorite;* elle avait été jusque là notre fidèle conserve, elle avait partagé nos fatigues, nos peines, nos joies : dans nos relâches, nous en avions connu l'excellent commandant Guyet, cet officier de tant de distinction ; les autres officiers et nous, les avions justement appréciés. M. Marchand s'était fait de nous tous des amis; les calmes bien des fois nous avaient permis des visites réciproques; partis ensemble, rien n'avaient pu nous faire supposer que nous ne dussions point revenir ensemble. Et cependant il fallut se séparer : ils furent solennels et touchants, je le répète, nos adieux au commandant et à l'officier qui l'accompagnait : tout l'état-major les conduisit jusqu'à la coupée; là on s'embrassait, on se pressait la main, on échangeait des vœux.

Peu d'instants après, les pavillons furent hissés, les équipages de la *Favorite* et de la *Belle-Poule* étaient montés dans les haubans, les états-majors groupés sur les dunettes, et, aux cris de *Vive le Roi*, on se souhaita une heureuse arrivée : le lendemain nous ne les voyions plus.

Notre traversée continua d'être heureuse : quelques jours de calme au tropique, un coup de vent à la hauteur des Açores et qui dura peu, en furent les seuls accidents, et le 30 décembre au matin, nous aperçûmes la haute montagne du Roule, puis bientôt la digue, et la frégate la *Belle-Poule*, commandée par S. A. R. monseigneur le prince de Joinville, partie depuis quarante-trois jours de Sainte-Hélène, laissa tomber l'ancre devant Cherbourg, et le pavillon impérial flottant à son grand mât, annonçait à la France l'arrivée des restes mortels du grand Napoléon.

V.

CHERBOURG.

RIVES DE LA SEINE. — PARIS.

Nous étions en France. Deux jours après notre arrivée, la *Favorite* nous avait rejoints. Depuis notre appareillage de Toulon, cinq mois s'étaient écoulés. Le pays avait applaudi en nous voyant partir; il applaudit bien plus en nous voyant revenir, car il savait déjà de quel succès avait été couronnée la mission.

Pendant les huit jours que nous passâmes à Cherbourg, la foule encombra le pont de la frégate. Ce n'était point cette avidité curieuse des peuples étrangers que nous avions visités, mais le religieux empressement d'un peuple qui devait à l'Empereur un demi-siècle de glorieux souvenirs! Près de cent mille ames vinrent successivement s'agenouiller près du cercueil impérial.

Nous attendions avec une vive impatience que les préparatifs de l'inhumation fussent terminés à Paris pour nous mettre en route. Une dépêche ministérielle fixa au 8 décembre le départ.

Le 7 au soir, un autel s'éleva de nouveau au pied de l'artimon, des tapis funèbres s'étendirent sur le pont, et sur les panneaux, comme sur une estrade, fut déposé le cercueil. Le 8 au matin, la frégate se couvrit de ses pavois ; une messe solennelle devait précéder le transbordement; à neuf heures, les troupes se rangèrent en bataille dans le port, qu'avaient envahi déjà les populations; les autorités militaires et civiles, le clergé de la ville, montèrent à bord; la *Normandie* présenta l'arrière à la coupée, et à dix heures dut commencer la cérémonie religieuse ; mais une pluie battante rendit impossible la célébration des saints mystères, et je dus me contenter de faire une absoute.

Immédiatement après, eut lieu l'opération du transbordement, et tout aussitôt S. A. R. ordonna le départ pour la grande rade. A ce moment, la voix de l'officier-général rompit le silence, les tambours voilés roulèrent, les musiques firent entendre des harmonies funèbres, le canon gronda, les troupes présentèrent les armes, et devant le convoi funèbre les drapeaux s'inclinèrent. Escortée de deux autres bâtiments à vapeur, la *Normandie*, au mât de la quelle flottait le pavillon impérial, défilait lentement chargée de son glorieux dépôt. M. de Mortemart, capitaine de corvette, la commandait.

Depuis longtemps déjà nous étions en grande rade, et des milliers de personnes se pressaient encore sur les quais, sur la plage, sur la digue, dans l'attitude méditative du respect et du regret.

Quoique surpris par notre subite arrivée, l'amiral Martineng, le préfet du département, le maire, avaient préparé une noble et digne réception : Cherbourg devait sans doute beaucoup à l'Empereur, mais Cherbourg s'en était souvenu : le conseil municipal avait voté une couronne d'or pour être déposé sur sa tombe.

Pendant quelques heures nous restâmes en rade, faisant nos derniers préparatifs ; S. A. R. avait à pourvoir à l'installation, sur sa flottille, de quatre cents marins qui composaient l'escorte.

Du point où nous étions mouillés, notre frégate apparaissait à nos regards, agitant sous la brise ses mille pavois comme des signaux d'adieu, et ce n'était point du reste sans émotion, sans une certaine peine que je m'en trouvais séparé; il m'était consolant de penser que c'était par la prière, par deux grandes solennités religieuses que j'y avais marqué mon entrée et ma sortie; mon entrée, en concourant à la bénédiction de sa chapelle; ma sortie, par la cérémonie de l'absoute, cette prière catholique par laquelle l'Eglise, qui n'oublie jamais ses enfants, s'adresse au Seigneur pour ceux d'entre eux qui ne sont plus.

A cette frégate se rattachaient cinq mois uniques dans mon existence, cinq mois qui peuplent une vie d'ineffaçables souvenirs; avec elle, j'avais fait un voyage que l'histoire devait enregistrer comme un grand fait dans ses annales; le caractère religieux dont j'étais revêtu, m'avait permis, à moi, humble prêtre, d'associer mon nom à des noms illustres et vénérés, de l'inscrire aux actes qui devaient en perpétuer la mémoire. C'était là, qu'en présence de l'immensité, séparé des abîmes par une planche fragile, les pensées les plus élevées de Dieu, de l'éternité, s'étaient révélées à mon ame; c'était là que quelquefois le prêtre avait beaucoup souffert, mais que souvent aussi il avait été consolé : il y a tant de ressources sous cette écorce rude et peu maniable, en apparence, de nos marins. Je le répète, ce ne fut pas sans un certain regret que je quittai la *Belle-Poule*, et ce que je ressentais me faisait admirablement concevoir cet attachement du marin pour son vaisseau.

L'Arabe s'attache à sa cavale, et pourquoi? parce qu'elle est belle, sa cavale, parce que sa crinière est luisante, sa tête bien portée, ses jambes fines, son galop rapide; parce qu'elle entend sa voix, l'emporte sur ses rivales, quand il faut à la course disputer un noble prix; qu'elle hennit en présence du danger, que son œil s'allume, ses nazeaux s'enflamment, ses oreilles se dressent au sifflement de la flèche ou au bruit du canon.

Ainsi pour le marin est sa frégate : il la connaît, son nom est glorieux, il fut consacré par un baptême de sang; sa nef est élancée, sa mâture élégante, ses courbes souples et gracieuses : il sait ses allures; comment sur une belle mer elle glissera sans mouvement et sans bruit ; comment, un jour de tempête, ardente, elle luttera contre les lames, le vent qui feront gémir sa membrure et craquer ses mâts ; c'est sur son pont qu'il a assisté à ces grandes scènes qu'il est donné au marin de voir seul, la lutte des éléments déchaînés. Avec elle il a promené partout son pavillon ; par elle, il l'a fait glorifier ou respecter, et s'il a fallu le venger, il l'a vue au feu, sa frégate, rugissante, se débattant dans un effroyable duel, vomissant la mort, présentant à l'ennemi ses flancs sans s'occuper du boulet qui percera sa coque, de l'abîme dans lequel elle tournoiera, du feu, de l'incendie qui va dévorer ses agrès et ses voiles : dites maintenant en la voyant agir, si le marin doit aimer sa frégate.

Mais l'heure s'avançait, tout était prêt, le prince ordonna le départ. A ce moment, la fumée tourbillonna en noires volutes, la mer écuma sous le fouet des roues, des points lumineux étincelèrent de toutes parts, des tonnerres retentissants se heurtèrent en se renvoyant leurs échos ; la ville, le port, la rade, la digue, les forts croisaient leurs feux : cent coups de canon annonçaient que l'Empereur partait pour sa capitale. Rappelé de son exil par le roi, il allait s'y reposer, à jamais enseveli dans sa gloire et défendu par ses malheurs.

Bientôt les hautes montagnes du Roule ne nous apparurent plus que comme des nuages aux formes indécises; la nuit d'ailleurs avait déjà, autour de nous, projeté ses ombres. Nous faisions route pour le Hâvre, suivi du *Courrier* et du *Véloce*, commandés, l'un par M. Goubin, l'autre par M. Martineng, le fils de l'amiral; la mer était bonne, la nuit belle, quoiqu'en partant l'horizon fût menaçant. Nous avancions rapidement: vers minuit nous étions en vue des feux du Hâvre, et à six heures du matin la *Normandie* filait lentement le long des jetées. Le soleil rougissait de ses premiers feux un ciel magnifique, et malgré l'heure matinale, autorités, légions de la garde nationale, régiments de ligne, clergé en habit de chœur, peuple en habit de fête, artillerie manœuvrant ses pièces, couvraient la plage, et ce dut être, pour cette foule avide, un spectacle bien imposant que ce passage au lever de l'aurore du bateau funéraire. Comme la nuit ne faisait encore que replier ses voiles, ils ne nous avaient point vu venir: du sein de l'Océan nous paraissions surgir.

Nous entrions en Seine, notre flottille allait parcourir les rives que l'Empereur avait choisies pour le lieu de sa dernière demeure. Dès ce moment commença une marche vraiment triomphale : le temps était froid ; décembre avec son givre glacial, son vent du nord qui dessèche et flétrit, faisait ressentir son action sur nos campagnes. Nous devions les trouver tristes et désolées, et jamais rives d'un fleuve ne furent plus brillantes de parures et d'animation. C'était une nature vivante, car des rives partaient des voix, des cris, qu'elles se renvoyaient alternativement ; dans les villes, tout était noble, réglé avec soin ; il y avait eu convocation officielle, municipalité, armée, milice citoyenne, prêtres chantant les cantiques des morts ; les volées des cloches et du canon, tout était bien. Rien ne manquait sans doute à cette grande solennité.

Mais combien mieux était ce désordre sublime des campagnes, cette spontanéité du cœur qui révèle la sincérité de l'hommage vrai, naïf, grand alors, admirable dans son expression ! le paysan, de son bahut, avait tiré l'habit des fêtes chômées, il avait décroché de la crémaillère, où elle était suspendue au dessus de l'âtre, sa vieille carabine. Depuis le temps où elle avait envoyé la mort au soldat de Wellington ou de

Blücher, elle était demeurée oisive et sans voix ; mais ce jour, sur notre passage, elle éclatait et promettait encore au pays, entre les mains de ce soldat en sabots, qu'elle éclaterait plus fort aux jours de l'attaque et de la défense. Puis c'était un pêle-mêle de femmes, d'enfants, de vieillards ; les femmes se signaient en faisant tourner sur leurs mains rougies par le froid les grains luisants de leurs chapelets ; les vieillards tombaient à deux genoux sur la terre glacée et priaient en se souvenant : ils avaient combattu sous lui. Les enfants s'arrêtaient un instant ébahis, ouvrant leurs grands yeux, où l'ame à cet âge se peint encore, puis prenant leur course, ils remontaient avec nous la Seine : ils espéraient voir l'ombre du héros avec les merveilles duquel on avait bercé leur enfance ; puis c'était des cris, des acclamations, hommages derniers à la mémoire de l'Empereur, et ce n'était point là le cri isolé et anarchique de Strasbourg ou de Boulogne ; car les noms du Roi, du Prince, mille fois répétés, s'y trouvaient confondus, tribut populaire de reconnaissance à la pensée royale, applaudissement au Prince, qui avait si grandement rempli sa mission.

Mais nous étions arrivés au Val-de-Lahaye. La *Nor-*

mandie ne pouvant remonter plus haut la Seine, un nouveau transbordement devenait nécessaire. Dix bateaux à vapeur nous attendaient. Pendant la nuit eut lieu le transbordement sous la direction de S. A. R. La *Dorade n°* 3, après qu'on l'eut au préalable dépouillée de ses draperies et de ses guirlandes, oripeaux de mauvais goût dont on l'avait affublée, devint le bateau catafalque. Mais quelle sera sa décoration, avait demandé l'administrateur chargé de ces détails ? « Le bateau sera peint en noir, à tête de mât flottera le pavillon impérial; sur le pont, à l'avant, reposera le cercueil couvert du poële funèbre rapporté de Ste-Hélène, MM. de la mission aux cornières; l'encens fumera, à la tête s'élèvera la croix, le prêtre se tiendra devant l'autel, mon état-major et moi derrière; les matelots seront en armes, et le canon tiré à l'arrière annoncera le bateau portant les dépouilles mortelles de l'Empereur. Telle sera sa décoration, avait répondu le prince. »

Un événement fâcheux signala notre arrivée au Val-de-Lahaye. En servant une pièce, un garde national fut assez grièvement blessé. Prié par le maire et le curé de présenter au prince une demande de secours, j'obtins de S. A. R. plus que l'on n'avait sollicité d'elle.

Le lendemain, dès cinq heures du matin, les rives étaient garnies de spectateurs pressés attendant l'heure du départ : bientôt un nuage de noire fumée nous enveloppa comme d'un crêpe. Le paysage sembla se mouvoir et courir; nous étions en marche pour Rouen, et peu d'heures après, au milieu de son immense population, nous faisions notre entrée dans l'ordre suivant :

En tête, la *Parisienne*, ayant à son bord les inspecteurs de la navigation ;

Le *Zampa*, avec la musique du prince ;

La *Dorade* n° 3, portant le cercueil;

Les trois bateaux appelés *Etoiles*, montés par les marins de la *Belle-Poule* et de la *Favorite* ;

Les *Dorades* nos 1 et 2 ;

Enfin le *Montereau*.

Le cortège s'arrêta entre les deux ponts. Jamais scène n'offrit, je crois, un spectacle plus imposant. Ces quais chargés de trophées militaires, étincelants d'armes; ces escadrons dont les chevaux se cabrent, les casques resplendissent sous un rayon de soleil; ces panaches, ces plumes, ces drapeaux qui se mêlent et s'agitent; ces estrades garnies de femmes aux brillantes parures; ce pont couvert de soldats aux uniformes de l'empire, glorieux débris de ces phalanges que l'Europe avait appelées la *grande-armée;* ce vaste bassin sur lequel s'est disposée en ordre de bataille la flottille, et ces fanfares des musiques, et ces volées des bourdons, du canon qui incessamment retentit du haut de la colline; et ces cent prêtres mêlant leurs blanches tuniques aux uniformes chamarrés d'or, aux robes de pourpre des magistrats; enfin ce prince de l'Eglise, qui s'avance au bord du fleuve pour répandre la prière et donner la bénédiction des pontifes, pendant que cent voix font monter vers Dieu l'hymne funèbre, le *De profundis*, ce chant sublime des dernières douleurs; tout inspirait à l'ame une de ces émotions qui la saisit encore aujourd'hui par le souvenir.

L'absoute terminée, nous repartîmes aussitôt; en passant sous le pont, le bateau impérial fut jonché d'immortelles, de lauriers et de fleurs tressées. Les soldats de l'Empire envoyaient à leur Empereur une nouvelle et une dernière couronne.

Depuis longtemps déjà nous avions quitté la vieille cité que le canon tonnait encore, et que la cavalerie de la garde nationale, ses chevaux au galop, formaient notre escorte.

A Elbeuf, même empressement, même enthousiasme. Là, de nombreux ouvriers, richesse de nos manufactures, les uns faisant de leurs voix retentir le rivage, les autres, chargés d'un ou de deux enfants, montrant du doigt le cercueil du héros, dont ils racontaient sans doute la vie à cette jeune génération, étonnée d'un semblable spectacle. Ce fut au milieu de pareils transports que nous traversâmes les Andelys, Vernon, Mantes, et le 12, au soir, la flottille s'arrêtait peu après avoir doublé le pont de Poissy; là elle devait passer la nuit.

Sur les deux rives, se forment immédiatement des bivouacs, des tentes s'élèvent, des feux s'allument; la garde nationale a demandé à faire, de concert avec les troupes de ligne, la veillée des armes. A la lueur des torches, les uniformes se dessinent, les sentinelles se relèvent et croisent leurs cris, le tambour bat la diane: il est nuit encore, et si l'Empereur s'éveille, il pourra croire qu'il a dormi dans son camp.

Le 13 était un dimanche, le dernier que j'allais passer auprès des restes mortels, près desquels je veillais et priais depuis deux mois.

Je pris les ordres de leurs A. R., car le jeune duc d'Aumale était venu joindre le cortège, et à dix heures je montai à l'autel et commençai les saints mystères; les deux Princes étaient à la tête des états-majors; autour de la *Dorade* s'étaient placés en ordre les autres bateaux, dont les équipages garnissaient les ponts; les troupes en bataille, le clergé de la ville, croix et bannières levées, s'échelonnaient sur les deux rives, et malgré un vent violent du nord, la population de Poissy et des communes voisines, groupée sur les bords, se tenait recueillie et tête nue. Si le silence n'avait été rompu par le bruit du canon, les harmonies d'une musique funèbre, on eût pu entendre au milieu de ces milliers d'hommes pressés la voix grave de la prière.

Du rivage, je l'ai su depuis, cette cérémonie apparaissait pleine de majesté et remplissait l'ame de religieuses émotions; ailleurs, nous devions trouver plus de pompe, mais perdre en sentiments profonds, c'est à dire en sentiments chrétiens.

Après la messe, suivie de l'absoute, on fit route pour Maisons, d'où le lendemain, dès le matin, nous partions pour notre dernière étape. Il était temps, le froid devenait plus vif, la Seine allait charrier. Un voyage de huit jours au mois de décembre, sur une rivière, dans des bateaux sans nulle installation contre la rigueur de la saison, presque sans feu, et où, enveloppé de son manteau, couché sur un matelas, il fallait se délasser des fatigues du jour; un semblable voyage était rude, et cependant nous ne pouvions nous plaindre, notre jeune commandant n'était pas mieux traité: le froid, la fumée, le matelas, le manteau, tout nous était commun, puis enfin combien auraient désiré notre place!

A dix heures, nous longions la magnifique terrasse de St.-Germain, et le château, berceau du grand Roi; préfet, maires, généraux, se tenaient à la tête de nombreux régiments et de ces braves légions des banlieues; quand nous passions, les tambours battaient au champ, et sur toute la ligne, les troupes présentaient les armes.

Bientôt nous étions à Saint-Denis: pour lui cette

tombe des Rois ne devait pas s'ouvrir ; le grand capitaine ne pouvait dormir que sous des drapeaux conquis.

A Saint-Denis, le chapitre royal nous attendait : et quand le cortège défila lentement devant la tente pavoisée, où, revêtu de ses habits de chœur, Monseigneur Rey, ancien évêque de Dijon et membre du chapitre, chantait l'office des morts, et prononçait les prières de l'absoute, Saint-Denis présenta le plus admirable coup d'œil.

Plus nous approchions, du reste, plus l'affluence était grande : les rives de la Seine disparaissaient sous les pas d'une multitude empressée; tout Paris semblait s'être élancé au devant de celui qui l'avait fait si grand; le roi devait être heureux, car il avait fait heureux son peuple : aussi son peuple le remerciait-il par ses incessantes acclamations.

Avant d'arriver à Neuilly, du côté opposé, au milieu d'une plaine, un groupe fixa notre attention : quelques dames s'y rencontraient seules, elles agitaient leurs mouchoirs, elles l'agitaient encore : elles voulaient être reconnues, nos regards les interrogeaient, mais en vain, la distance était grande; le prince arrive, regarde : Ma mère ! s'écrie-t-il ; c'était la reine.... La mère avait d'abord voulu voir son enfant ; la reine ne devait embrasser que le lendemain soir le prince.

Un triple cri retentit aussitôt, et ce cri dut faire tressaillir le cœur de la souveraine, de l'épouse et de la mère, car son nom, celui du roi et de son enfant s'y trouvaient confondus.

Le bateau n'avait point ralenti sa marche; aussi bientôt il entra dans les îles qu'en ces parages forme le fleuve, et le parc de Neuilly s'étendit à notre gauche comme un rideau. Peu après, le pont de Courbevoie nous montra les courbes de ses arches : un grand aigle, les ailes étendues plana au dessus de nos têtes ; nous étions arrivés de notre lointain voyage : le soleil se couchait dans un nuage de pourpre, et ses derniers rayons faisaient briller la statue de Notre-Dame-de-la-Garde, la patronne des marins, au pied de laquelle nous étions mouillés.

Monseigneur le prince de Joinville demeura à son

bord. LL. AA. RR. les princes ducs d'Orléans, de Nemours et d'Aumale, vinrent faire une religieuse station au pied du cercueil impérial. Deux grandes illustrations de l'empire, le maréchal Soult, l'amiral Duperré, vinrent aussi s'incliner et prier; M. Duchâtel, le ministre de l'intérieur, s'était joint à eux.

Le lendemain, mardi 15 décembre, le convoi funèbre devait faire son entrée solennelle à Paris.

Nous n'entrerons point dans les détails de cette grande cérémonie. Beaucoup l'ont vue, et les cent voix de la presse l'ont racontée à tous; puis, que ferait ici la nomenclature d'un programme. A dix heures, le cortège se mit en marche. Renfermé dans la voiture qui m'avait été réservée, je pus à mon aise me livrer aux pensées que me suggérait l'ensemble des dispositions prises. La curiosité pouvait se satisfaire, mais l'aliment manquait à des sentiments plus élevés et dont le besoin se faisait plus profondément sentir. Là se déployait dans toute sa pompe l'élément humain; là manquait tout à fait l'élément chrétien. Pour la population de Paris qui ne pouvait être admise aux Invalides, ce fut un spectacle, une fête payenne, un apothéose mondain, et pour un homme que l'on conduit à sa dernière demeure, fût-il pâtre ou empereur, rien ne peut remplacer devant Dieu la prière, et devant les hommes les impressions salutaires des solennités religieuses. Ce n'est pas assez de dire : il faut moraliser; les mots ne font rien aux choses : vous ne moraliserez point avec des paroles, mais avec des faits : c'est le seul langage intelligible à tous; et quel enseignement meilleur pouvait-on donner aux esprits qui s'agitent dans de prétendues réformes que l'enseignement même de la mort ? Il fallait que tous pussent contempler dans sa nudité le cercueil de l'Empereur : chez tous, sous mille couleurs, resplendissait le souvenir de sa gloire; tous en auraient touché au doigt la vanité, beaucoup le danger. J'en appelle à ceux qui ont vu le cortége funèbre descendre la Seine. Le cercueil drapé d'un manteau de roi, sur le pont du bateau, isolé, solitaire, sans ornements autres que la Croix, un autel où priait le prêtre du Seigneur ; cette simplicité ne parlait-elle pas à l'ame un langage plus éloquent ! On l'a trop souvent oublié; dans les grandes choses, la simplicité est la sœur du sublime.

A deux heures, le cortége était arrivé aux Invalides. A l'entrée de la chapelle royale se tenait Mgr. l'archevêque de Paris, suivi d'un nombreux cortége ; l'illustre prélat fit les prières d'usage. Porté sur les épaules des marins qui l'avaient escorté pendant tout le trajet, sous les ordres de S. A. R. le prince de Joinville, le cercueil arriva sous le dôme, où le Roi, entouré de toutes les illustrations de l'État, s'était avancé pour le recevoir. S. M. pressa la main de son fils. — Sire, dit le jeune prince, je vous remets le corps de l'Empereur Napoléon. — Je le reçois au nom de la France, répondit le roi. Et se tournant vers le général Bertrand : « Général, sur le cercueil de l'Empereur, placez son épée. »

Aussitôt la cérémonie religieuse commença.

Prosterné à deux genoux, je remerciai Dieu du succès de notre lointain voyage. Là, ma mission était terminée : j'avais remis entre les mains de Mgr. l'archevêque de Paris les restes mortels de l'Empereur Napoléon, que j'avais été chargé d'exhumer et d'accompagner de l'île Sainte-Hélène en France, au nom de la religion.

FIN.

PIÈCES OFFICIELLES.

PIÈCES OFFICIELLES.

I.

Rapport de monseigneur le prince de Joinville.

En rade de Cherbourg, 30 novembre 1840.

M. le ministre,

Ainsi que j'ai eu l'honneur de vous l'annoncer, je suis parti le 14 septembre de la baie de Tous-les-Saints. J'ai prolongé la côte du Brésil avec des vents d'est qui, ayant hâlé le nord-est et le nord, m'ont permis d'atteindre promptement le méridien de Sainte-Hélène, sans que j'aie eu à dépasser le parallèle de 28° S. Arrivé sur ce méridien, des calmes et des folles brises m'ont causé quelque retard. Le 8 octobre je mouillais sur la rade de Jame's-Town.

Le brik l'*Oreste*, détaché par M. le vice-amiral de Mackau, pour remettre à la *Belle-Poule* un pilote de la Manche, était arrivé la veille. Ce bâtiment ne m'apportant aucune instruction nouvelle, je me suis occupé immédiatement des ordres que j'avais précédemment reçus.

Mon premier soin a été de mettre M. de Chabot, commissaire du roi, en rapport avec M. le général Middlemore, gouverneur de l'Ile. Ces messieurs avaient à régler, selon leurs instructions respectives, la manière dont il devait être procédé à l'exhumation des restes de l'Empereur, et à leur translation à bord de la *Belle-Poule*; l'exécution des projets arrêtés fut fixée au 15 octobre.

Le gouverneur voulut se charger de l'exhumation et de tout ce qui devait avoir lieu sur le territoire anglais : pour moi, je réglai, par l'ordre en date du 13 octobre, dont je vous envoie ci-jointe copie, les honneurs à rendre dans les journées du 15 et du 16, par la division placée sous mes ordres. Les navires du commerce français la *Bonne-Aimée*, capitaine Gillet, et l'*Indien*, capitaine Triquetil, s'associèrent à nous avec empressement.

Le 15, à minuit, l'opération a été commencée en présence des commissaires français et anglais, M. de Chabot et le capitaine Alexander, R. E. Ce dernier dirigeait les travaux. M. de Chabot rendant au gouvernement un compte circonstancié des opérations dont il a été le témoin, je crois pouvoir me dispenser d'entrer dans les mêmes détails ; je me bornerai à vous dire qu'à dix heures du matin le cercueil était à découvert dans la fosse. Après l'en avoir retiré intact, on procéda à son ouverture, et le corps fut trouvé dans un état de conservation inespéré. En ce moment solennel, à la vue des restes si reconnaissables de celui qui fit tant pour les gloires de la France, l'émotion fut profonde et unanime.

A trois heures et demie le canon des forts annonçait à la rade que le cortège funèbre se mettait en marche vers la ville de Jame's-Town. Les troupes de la milice et de la garnison précédaient le char recouvert du drap mortuaire, dont les coins étaient tenus par les généraux Bertrand et Gourgaud, et par MM. de Las-Cases et Marchand ; les autorités et les habitants suivaient en foule. Sur rade, le canon de la frégate avait répondu à celui des forts, et tirait de minute en minute ; depuis le matin les vergues étaient en pantenne, les pavillons à mi-mâts et tous les navires français et étrangers s'étaient associés à ces signes de deuil. Quand le cortège a paru sur le quai, les troupes anglaises ont formé la haie, et le char s'est avancé lentement vers la plage.

Au bord de la mer, là où s'arrêtaient les lignes anglaises, j'avais réuni autour de moi les officiers de la division française. Tous, en grand deuil et la tête découverte, nous attendions l'approche du cercueil; à vingt pas de nous, il s'est arrêté, et le général-gouverneur, s'avançant vers moi, m'a remis, au nom de son gouvernement, les restes de l'Empereur Napoléon.

Aussitôt le cercueil a été descendu dans la chaloupe de la frégate, disposée pour le recevoir, et là encore l'émotion a été grave et profonde : le vœu de l'Empereur mourant commençait à s'accomplir; ses cendres reposaient sous le pavillon national. Tout signe de deuil a été dès lors abandonné; les mêmes honneurs que l'Empereur aurait reçus de son vivant ont été rendus à sa dépouille mortelle, et c'est au milieu des salves des navires pavoisés, avec leurs équipages rangés sur les vergues, que la chaloupe, escortée par les canots de tous les navires, a pris lentement le chemin de la frégate.

Arrivé à bord, le cercueil a été reçu entre deux rangs d'officiers sous les armes, et porté sur le gaillard d'arrière, disposé en chapelle ardente. Ainsi que vous me l'aviez prescrit, une garde de soixante hommes, commandée par le plus ancien lieutenant de la frégate, rendait les honneurs. Quoiqu'il fût déjà tard, l'absoute fut dite, et le corps resta ainsi exposé toute la nuit; M. l'aumônier et un officier ont veillé près de lui.

Le 16, à dix heures du matin, les officiers et équipages des navires de guerre et de commerce français étant réunis à bord de la frégate, un service funèbre solennel fut célébré; on descendit ensuite le corps dans l'entrepont, où une chapelle ardente avait été préparée pour le recevoir.

A midi tout était terminé, et la frégate en appareillage; mais la rédaction des procès-verbaux a demandé deux jours, et ce n'est que le 18 au matin que la *Belle-Poule* et la *Favorite* ont pu mettre sous voiles. L'*Oreste*, parti en même temps, a fait route pour sa destination.

Après une traversée heureuse et facile, je viens de mouiller sur rade de Cherbourg, à cinq heures du matin.

Veuillez, amiral, recevoir l'assurance de mon respect.

« *Le capitaine de la* Belle-Poule,

F. D'ORLÉANS.

II.

Dépêche (n° 5) de M. de Rohan-Chabot, Commissaire du Roi, à S. E. M. le Président du conseil des ministres.

A bord de la *Belle-Poule*, le 19 octobre 1840.

MONSIEUR LE PRÉSIDENT DU CONSEIL,

J'ai déjà eu l'honneur de vous annoncer, dans ma dépêche précédente, que dès le lendemain de notre arrivée je m'étais mis en rapport, d'après les ordres de monseigneur le prince de Joinville, avec le général Middlemore, gouverneur de l'Ile, pour arrêter d'avance la série des travaux de l'exhumation et de la translation du cercueil de Napoléon. J'avais trouvé dès l'abord, et je n'ai cessé de rencontrer chez le général Middlemore, comme chez les diverses autorités de l'Ile, un empressement sincère à consulter nos désirs et nos sentiments dans toutes les dispositions qui devaient être prises de leur côté.

Mais il n'en fallut pas moins plusieurs entretiens subséquents pour faire coïncider entièrement avec nos propres vues les plans arrêtés d'avance par le gouverneur, et pour bien régler la part qui, d'après nos instructions respectives, devait revenir à chacun de nous dans l'exécution de ces deux opérations. Il serait inutile de parler aujourd'hui des difficultés et des objections qui ont été successivement écartées dans les conversations que j'ai eues jour par jour avec le général Middlemore et les autres autorités. Tout a pu en définitive être réglé d'une manière qui m'a semblé répondre entièrement aux instructions que j'avais reçues de votre excellence, et aux sentiments des personnes illustres auxquelles j'avais l'honneur d'être associé.

Dès le premier jour, monseigneur le prince de Joinville avait proposé au gouverneur de charger ses équipages des travaux de l'exhumation et de la translation que son altesse royale eût, dans ce cas, dirigés en personne. Mais le général Middlemore étant, d'après les instructions formelles de son gouvernement, chargé lui-même et responsable de toutes les opérations jusqu'à l'arrivée du cercueil impérial au lieu d'embarquement, a dû décliner les offres du prince; je ne me suis pas cru, de mon côté, autorisé à mettre aucune insistance sur ce point, et rien n'a été ajouté de notre part à cette simple proposition. Monseigneur le prince de Joinville a pensé alors, malgré son désir personnel d'assister à l'exhumation, qu'en sa qualité de commandant supérieur de l'expédition, il n'était pas convenable pour lui d'être présent à de longues opérations conduites par des soldats étrangers, et auxquelles il ne pourrait imprimer aucune direction. Son altesse royale s'est décidée, en conséquence, à ne paraître sur la terre anglaise qu'à la tête des états-majors de nos bâtiments et dans une position qui lui permît de présider elle-même à tous les honneurs qu'elle était chargée de rendre au cercueil de Napoléon.

Nous avions fixé pour cette cérémonie mémorable le 15 octobre, 25e anniversaire de l'arrivée de l'auguste exilé à Sainte-Hélène sur le *Northumberland.* Il avait été décidé que nos travaux commenceraient avec le jour légal, afin qu'ils pussent être entièrement terminés dans une journée.

Le 14, à dix heures du soir, je quittai la *Belle-Poule* avec MM. les généraux Bertrand et Gourgaud, M. de Las-Cases, M. Marchand, M. Arthur Bertrand, M. l'abbé Coquereau et ses deux enfants de chœur, MM. Saint-Denis, Noverraz, Pierron, Archambault, MM. les capitaines de corvette Guyet, Charner et Doret, et M. le docteur Guillard, chirurgien-major de la *Belle-Poule*, suivi d'un ouvrier plombier. Conformément à vos ordres, monsieur le président du conseil, aucune autre personne n'a été introduite, au nom de la France, dans l'enceinte réservée autour du tombeau pendant la durée des travaux. Sur rade et dans la ville le temps était fort beau; mais parvenus dans les hauteurs, nous trouvâmes un vent froid et une pluie battante qui ne cessèrent que le lendemain durant la marche du cortège. La vallée du tombeau, située à près d'une lieue et demie de la ville, était gardée, depuis le coucher du soleil, par un détachement des soldats de la garnison, ayant ordre d'en écarter toute personne qui n'aurait point été désignée par l'un des commissaires pour assister ou pour prendre part aux travaux. M. le capitaine du génie Alexander, chargé de les diriger, nous attendait sur les lieux avec les cinq principales autorités de l'Ile. L'état de santé du général Middlemore ne lui permit pas d'assister aux travaux de la nuit.

Vous trouverez ci-joint, monsieur le président du conseil, copie certifiée d'un acte d'exhumation et de remise que j'ai dressé et signé avec le capitaine Alexander et le gouverneur de l'Ile. J'aurai l'honneur de vous remettre en mains propres l'expédition officielle. L'état successif des lieux et la série de nos opérations sont consignés dans cette pièce avec des détails auxquels il ne me reste rien à ajouter. J'y joins une section verticale et horizontale du caveau et du sarcophage intérieur qui renfermait le cercueil, faite, sur des mesures que j'ai prises moi-même, par M. Chedeville, commis d'administration de la *Belle-Poule*. Ces deux pièces mettront votre excellence à même d'apprécier très exactement l'extrême solidité des diverses maçonneries de la sépulture.

Commencés à minuit et demi, les travaux ont été poussés sans relâche et avec une grande activité pendant plus de neuf heures. Nous avions pu craindre qu'en dépit de tous les efforts et malgré les deux opérations tentées simultanément pour arriver jusqu'au cercueil, la plus grande partie de la journée ne s'écoulât avant que l'exhumation ne fût terminée et que nous ne fussions forcés de remettre la translation au lendemain ; dès le jour, toute inquiétude avait cessé sur ce point. Il n'y a eu qu'une voix parmi nous, monsieur le président du conseil, pour rendre hommage à l'admirable entente déployée par le capitaine Alexander pendant ces opérations souvent très délicates et à son empressement à contenter nos moindres désirs. Trop d'éloges ne sauraient également être donnés à l'excellente tenue des ouvriers et des soldats réunis sous ses ordres, et qui, tout en poursuivant leurs travaux avec un zèle infatigable, semblaient vouloir aussi s'associer à nos sentiments par leur recueillement et leur silence respectueux.

A neuf heures et demie du matin, la terre avait été entièrement retirée du caveau, toutes les couches horizontales démolies, et la grande dalle qui recouvrait le sarcophage intérieur détachée et enlevée à l'aide d'une chèvre. Les forts travaux en maçonnerie cimentée qui entouraient de toutes parts le cercueil, et auxquels les dix-neuf années déjà écoulées n'avaient porté aucune atteinte, l'avaient tellement préservé des effets de l'atmosphère et de la source voisine, qu'à la première vue, il ne semblait en aucune façon altéré. Les bricoles qui avaient servi à le descendre étaient restées dans le sarcophage ; et une personne étrangère aux travaux, qui serait survenue dans ce moment, eût pensé, sans doute, qu'il venait d'être déposé dans la tombe par nos ouvriers mêmes. Le sarcophage en dalles, lui même parfaitement conservé, était à peine humide. Dès que M. l'abbé Coquereau eut terminé la récitation des premières prières, le cercueil fut retiré avec le plus grand soin, et porté par des soldats du génie, nu-tête, dans une tente dressée pour le recevoir auprès du tombeau.

Après la cérémonie religieuse de la levée du corps, j'ai demandé, monsieur le président du conseil, que, sous ma responsabilité, les cercueils intérieurs fussent ouverts, afin que M. le docteur Guillard pût prendre les mesures prescrites par une commission de la faculté de Paris pour garantir les restes mortels de Napoléon de toute décomposition ultérieure. Aux termes de la législation anglaise, quelques formalités préliminaires sont requises pour l'ouverture d'un cercueil exhumé. Le « chief justice » de l'Ile, présent, en fit la remarque; mais sur ma réponse et celle du capitaine Alexander, que le cas avait été prévu et réglé d'avance avec le gouverneur, M. Wilde se contenta de réclamer l'insertion de ses observations dans notre procès-verbal : il m'a semblé inutile de donner suite à cette demande.

En examinant de près le premier cercueil extérieur, nous en trouvâmes la partie supérieure altérée, ce qui m'a décidé à le faire entièrement enlever et à faire déposer le second cercueil de plomb, qui se trouvait en bon état, dans celui que nous avions apporté de France, et que dès la veille j'avais fait placer dans la tente. C'est là qu'avec le plus grand soin nous avons procédé à l'ouverture. Sur ces entrefaites, M. le gouverneur de l'Ile est arrivé avec son état-major, ainsi que M. Touchard, officier d'ordonnance de monseigneur le prince de Joinville : envoyé par le prince, auquel j'avais déjà eu l'honneur d'écrire, pour l'informer des progrès de nos travaux.

Le cercueil de plomb renfermait, conformément aux relations officielles de 1821, deux autres cercueils, l'un en bois, l'autre en fer blanc, dont les recouvrements ont été successivement enlevés avec le plus grand soin. Le dernier cercueil avait été doublé intérieurement d'une garniture de satin blanc, qui, détachée par l'effet du temps, était retombée sur le corps, et l'enveloppait comme un linceul, en y adhérant légèrement. Je n'essaierai pas de décrire, monsieur le président du conseil, dans quelle muette inquiétude nous attendions le moment qui devait nous révéler tout ce que la mort nous avait laissé de Napoléon. Malgré le singulier état de conservation de la tombe et des cercueils, à peine pouvions-nous, en nous rappelant les circonstances de l'inhumation, espérer trouver quelques restes informes dont les parties les moins périssables du costume eussent seuls assuré l'identité. Mais quand, par les mains du docteur Guillard, le drap de satin fut soulevé, un mouvement universel de surprise et d'attendrissement a eu lieu, et plusieurs des assistants fondirent en larmes. L'Empereur lui-même était devant nous ! Les traits de la figure, bien qu'altérés, étaient parfaitement reconnaissables, les mains merveilleusement belles ; le costume si connu, si souvent reproduit, avait peu souffert, et les couleurs en étaient facilement distinguées ; les épaulettes, les décorations, le chapeau semblaient entièrement conservés ; la pose, elle-même, était pleine d'abandon, et sauf les débris de la garniture de satin, qui recouvraient, comme d'une gaze très fine, plusieurs parties de l'uniforme, nous aurions pu croire Napoléon étendu encore sur son lit de parade. M. le général Bertrand, M. Marchand et les autres personnes présentes, qui avaient assisté à l'inhumation, nous indiquèrent rapidement les divers objets déposés par eux dans le cercueil : chacun était demeuré dans la position exacte qu'ils lui avaient assignée. On remarqua même que la main gauche, que le grand maréchal avait prise pour la baiser une dernière fois, au moment où l'on fermait le cercueil, était restée légèrement soulevée. Entre les jambes, auprès du chapeau, on apercevait les deux vases qui renferment le cœur et l'estomac ; mais, M. le docteur Guillard s'étant assuré qu'ils adhéraient assez fortement aux parties voisines qui les recouvrent presque entièrement, je n'ai point osé troubler ce repos paisible de la mort pour les soumettre à un examen sans objet.

Je joins à cette dépêche, monsieur le président du conseil, un rapport plus détaillé sur l'état actuel de la dépouille mortelle de Napoléon, qui, sur ma demande, a été dressé par le docteur Guillard. Cette pièce aurait contenu des renseignements encore plus minutieux, si avant tout il n'eût importé de soustraire au plus tôt le corps au contact de l'air atmosphérique. Dans un espace de moins de deux minutes, les mesures de conservation jugées nécessaires ont été prises, et cette vérification sommaire terminée.

Les deux cercueils intérieurs ont été soigneusement refermés ; l'ancien cercueil de plomb a été fortement assujetti dans le nouveau avec des coins de bois, et les deux ont été soudés avec les précautions les plus minutieuses, sous la direction du docteur Guillard. Ces diverses opérations terminées, le sarcophage en ébène a été fermé, ainsi que son enveloppe de chêne.

En me remettant la clef du sarcophage d'ébène, le capitaine Alexander m'a déclaré, au nom du gouverneur, que ce cercueil, renfermant les restes mortels de l'Empereur Napoléon, serait considéré comme à la disposition du gouvernement français dès ce jour, et du moment où il serait arrivé au lieu d'embarquement vers lequel il allait être dirigé sous les ordres de S. Exc. le général Middlemore. J'ai répondu que j'étais chargé par mon gouvernement d'accepter, en son nom, ce cercueil des mains des autorités britanniques, et que j'étais prêt, ainsi que les diverses personnes composant la mission française, à le suivre jusqu'au quai de Jame's-Town, où Mgr. le prince de Joinville, commandant supérieur de l'expédition, était dans l'intention de venir le recevoir pour le conduire solennellement à bord de sa frégate. Copie signée des paroles prononcées de part et d'autre a ensuite été échangée entre nous : votre excellence en trouvera ci-joint une expédition certifiée.

Avant notre arrivée, un char funèbre à quatre chevaux, orné autant que le comportaient les ressources de l'Ile, avait été préparé pour recevoir le cercueil, ainsi qu'un beau drap mortuaire et un harnachement de deuil complet. Quand le sarcophage eut été placé sur le char, je fis couvrir entièrement ce dernier du magnifique manteau impérial envoyé de Paris, et dont les quatre coins furent remis à MM. les lieutenants généraux Bertrand et Gourgaud, au baron de Las-Cases et à M. Marchand. A trois heures et demie, le char funèbre s'est mis en marche, précédé d'un enfant de chœur portant la croix, et de M. l'abbé Coquereau. J'ai conduit le deuil, comme commissaire accrédité du gouvernement français : le reste du cortège a suivi l'ordre indiqué dans l'acte ci-joint d'exhumation et de remise. Votre excellence remarquera que toutes les autorités de l'Ile, tous les principaux habitants et la garnison entière ont suivi la marche funèbre depuis le tombeau jusqu'au quai. Mais, sauf l'escorte d'artilleurs nécessaires pour conduire les chevaux et pour soutenir par moments le char lui-même dans les descentes difficiles, les places les plus rapprochées du cercueil avaient été réservées pour la mission française. Le général Middlemore, malgré l'état fort affaibli de sa santé, a voulu suivre toute la marche à pied, ainsi que le général Churchill, chef d'état-major de l'armée des Indes, arrivé depuis deux jours de Bombay. L'immense poids du cercueil et l'extrême difficulté de la route rendaient nécessaire pendant presque tout le trajet une surveillance de tous les instants. M. le colonel Trelawnay voulut commander en personne le petit détachement d'artillerie chargé de conduire le char, et, grâce à ses soins, la translation a pu s'effectuer sans le moindre accident.

Depuis le moment du départ jusqu'à notre arrivée sur le quai, le canon des forts et les batteries de la *Belle-Poule* ont tiré de minute en minute. Après une heure de marche la pluie cessa pour la première fois depuis le commencement des travaux; et arrivés en vue de la ville, nous trouvâmes un ciel brillant et un temps magnifique.

Dès le matin, nos trois bâtiments de guerre, la *Belle-Poule*, la *Favorite* et l'*Oreste* avaient pris le grand deuil royal, les vergues en pantenne, et les pavillons en berne. Deux navires de commerce français, la *Bonne-Aimée*, capitaine Gillet, et l'*Indien*, capitaine Triquetil, qui se trouvaient en rade depuis deux jours, s'étaient mis sous les ordres du prince, et ils ont imité, pendant toute la cérémonie, les mouvements de la *Belle-Poule*. Les forts de la ville et les maisons des consuls avaient également descendu leurs pavillons à mi-mât.

J'ai l'honneur de joindre à cette expédition copie des ordres du jour de son altesse royale le commandant supérieur et du général Middlemore. Ces pièces vous donneront, monsieur le président du conseil, une connaissance exacte des excellentes dispositions prises de part et d'autre pour assurer à cette imposante journée un caractère de solennité qui en rendra le souvenir impérissable dans la mémoire de tous les assistants.

Parvenues à l'entrée de la ville, les troupes de la garnison et de la milice se sont déployées en deux lignes jusqu'à l'extrémité du quai, en prenant la position de deuil de l'armée anglaise, les soldats appuyés sur leurs armes renversées, les officiers le crêpe au bras et la tête posée sur le pommeau de leur épée. Tous les habitants avaient été consignés dans leurs maisons, ou garnissaient les terrasses qui dominent la ville, et les rues n'étaient occupées que par les troupes, le 91e tenant la droite, et la milice la gauche. Le cortège s'est avancé lentement entre ces deux haies de soldats, au son d'une marche funèbre et au bruit du canon des forts, de la *Belle-Poule* et du *Dolphin*, répété mille fois par les échos des immenses rochers qui s'élèvent au-dessus de Jame's-Town.

A l'extrémité du quai, monseigneur le prince de Joinville s'est présenté, en grand uniforme, à la tête de l'état-major des trois bâtiments français. Après une heure de marche, le cortège s'est alors arrêté. Les plus grands honneurs officiels avaient été rendus par les autorités anglaises à la mémoire de l'Empereur : des hommages éclatants avaient signalé les adieux de Sainte-Hélène à son cercueil; dès ce moment la dépouille mortelle de Napoléon allait appartenir à la France.

Quand le char s'est arrêté, j'ai quitté le cortège pour me placer auprès de monseigneur le prince de Joinville. Son altesse royale s'est alors avancée seule, en présence de tous les assistants découverts. Elle a reçu solennellement le cercueil des mains du général Middlemore, et elle l'a remercié, au nom de la France, de tous les témoignages de sympathie et de respect dont les autorités et les habitants de Sainte-Hélène avaient entouré cette cérémonie mémorable.

Une chaloupe d'honneur avait été disposée pour recevoir le cercueil. Pendant l'embarquement, que monseigneur le prince de Joinville dirigea lui-même, sa musique joua des airs funèbres, et toutes les embarcations se tinrent à l'entour, les avirons mâtés. Quand le sarcophage toucha la chaloupe, un magnifique pavillon royal, que les dames de Jame's-Town avaient voulu broder elles-mêmes, fut élevé, et dès lors la frégate redressa ses vergues et déploya ses pavois. Tous les mouvements de la *Belle-Poule* furent imités sur-le-champ par nos autres bâtiments. Notre deuil avait cessé avec l'exil de Napoléon, et la division française se parait de tous ses ornements de fête pour recevoir le cercueil impérial sous le drapeau de la France.

Le sarcophage fut recouvert dans la chaloupe du manteau impérial. Monseigneur le prince de Joinville se plaça lui-même à la barre, M. le commandant Guyet sur l'avant, MM. les généraux Bertrand et Gourgaud, M. de Las-Cases, M. Marchand et l'abbé Coquereau occupèrent, auprès du corps, la même place que dans le cortège. Je me tins avec M. le commandant Hernoux sur l'arrière, un peu devant le prince.

Dès que la chaloupe s'est éloignée du quai, la terre a tiré le grand salut de vingt et un coups de canon, et nos bâtiments ont envoyé la première salve de toute leur artillerie. Les deux autres furent tirées pendant le trajet du quai à la frégate, la chaloupe nageant très-lentement, entourée de toutes les autres embarcations. A six heures et demie nous accostâmes la *Belle-Poule*. Tous nos bâtiments avaient les hommes sur les vergues, le chapeau à la main.

Monseigneur le prince de Joinville avait fait disposer sur le pont de la frégate une chapelle parée de drapeaux, de faisceaux d'armes et d'ornements funèbres, dont l'autel avait été élevé au pied du mât d'artimon. Porté par nos matelots, le cercueil passa entre deux haies d'officiers, l'épée nue, et fut placé sur les panneaux du gaillard d'arrière, recouvert toujours du manteau impérial. L'absoute fut faite le soir même par M. l'abbé Coquereau.

Le corps est resté en chapelle ardente pendant toute la nuit gardé par des factionnaires et par l'officier de quart en grande tenue, et veillé par M. l'abbé Coquereau. La *Belle-Poule* a porté pendant la nuit ses couleurs, ses pavois et le pavillon royal voilé de crêpe au grand mât.

Le lendemain, à dix heures, une messe solennelle a été dite, sur le pont, en présence des états-majors et d'une portion des équipages de nos cinq bâtiments. S. A. R. le commandant supérieur était aux pieds du corps, les diverses personnes de la mission occupant les mêmes places que la veille dans la chaloupe : le canon de la *Favorite* et de l'*Oreste* a tiré de minute en minute. La cérémonie a été terminée par une absoute solennelle, à laquelle ont pris part, en venant jeter l'eau bénite sur le cercueil, monseigneur le prince de Joinville, la mission et les premiers maîtres des bâtiments.

A onze heures, toutes les cérémonies de l'Eglise étaient accomplies, tous les honneurs souverains avaient été rendus à la dépouille mortelle de Napoléon. Le cercueil fut descendu avec soin dans l'entrepont et placé dans la chapelle disposée à Toulon pour le recevoir. Alors nos bâtiments tirèrent une dernière salve de toute leur artillerie ; puis la frégate serra ses pavois en ne conservant que le pavillon de poupe et le drapeau royal au grand mât.

Dans la journée, M. le prince de Joinville est allé à Plantation-House pour faire ses adieux au gouverneur. Constamment retenu à Jame's-Town, je n'ai pu avoir l'honneur d'accompagner son altesse royale. Dans l'après-midi, le brik de guerre anglais *Phantom* est arrivé sur rade venant de la côte d'Afrique.

L'appareillage avait été fixé pour le 17 dans la journée; mais quelques retards étant survenus dans l'expédition des pièces officielles anglaises, j'ai été contraint de prier monseigneur le prince de Joinville de le remettre jusqu'à la nuit.

En me séparant du général Middlemore, je lui ai promis de solliciter de votre excellence, en faveur du capitaine du génie Alexander, une marque spéciale de distinction. Chargé, par suite de l'état de santé du gouverneur, des principales fonctions de commissaire, le capitaine Alexander a su les remplir de manière à s'assurer l'approbation et la reconnaissance de toute la mission française.

Le dimanche 18, nos trois bâtiments de guerre ont quitté Sainte-Hélène à huit heures du matin. A la sortie de la rade, l'*Oreste* a salué le prince aux cris de *vive le Roi,* et s'est dirigé vers la Plata.

Pendant tout notre séjour à Jame's-Town, monsieur le président du conseil, les meilleures relations n'ont cessé d'être maintenues entre les autorités et les habitants de Sainte-Hélène, et la mission française. La nouvelle, sans doute exagérée, d'un grave dissentiment entre les cabinets de Paris et de Londres, nous était parvenue par l'*Oreste*; mais elle a eu peu de retentissement dans l'Ile, et n'a porté aucune atteinte à la bonne intelligence mutuelle qu'il était si désirable de conserver durant ces circonstances solennelles. J'ai parlé ailleurs des dispositions prises à l'avance, d'après les ordres du gouvernement anglais, pour recevoir monseigneur le prince de Joinville avec tous les honneurs et les égards dus à sa haute position, et pour accueillir avec les plus grandes prévenances les illustres compagnons d'exil de Napoléon et les diverses personnes de l'expédition. Pendant toute la relâche, nous avons trouvé un même empressement à consulter nos désirs et à s'associer hautement à nos sympathies. Le profond regret qu'ont éprouvé les autorités et les habitants, en voyant enlever à leur Ile le précieux dépôt qui l'a rendue si célèbre, a été dissimulé avec une rare courtoisie; et il n'est aucun de nous qui n'emporte un souvenir reconnaissant de leur hospitalité simple mais cordiale.

J'ai l'honneur d'être avec respect, monsieur le président du conseil,

Votre très humble et très obéissant serviteur,

PH. DE ROHAN-CHABOT,

Commissaire du Roi.

III.

Acte d'exhumation et de remise des restes de Napoléon.

Nous, soussignés, Philippe-Ferdinand-Auguste de Rohan-Chabot, chevalier de l'ordre royal de la Légion d'honneur, secrétaire d'ambassade, commissaire, en vertu de pouvoirs reçus de Sa Majesté le roi des Français, pour présider, au nom de la France, à l'exhumation et à la translation des restes mortels de l'Empereur Napoléon, ensevelis dans l'île de Sainte-Hélène, et à leur remise par l'Angleterre à la France, conformément aux décisions des deux gouvernements,

D'une part;

Et Charles Corsan Alexander, capitaine commandant le corps royal du génie à Sainte-Hélène, député de Son Excellence le major général Middlemore, companion du bain, gouverneur commandant en chef les forces de S. M. B. à Sainte-Hélène, pour présider, au nom de Son Excellence, à ladite exhumation,

De l'autre part.

Nous étant préalablement communiqué nos pouvoirs respectifs, trouvés en bonne forme, nous sommes rendus, cejourd'hui, 15 du présent mois d'octobre de l'année 1840, au lieu de la sépulture de l'Empereur Napoléon, pour surveiller et diriger personnellement toutes les opérations de l'exhumation et de la translation.

Arrivés à la vallée dite de Napoléon, nous avons trouvé le tombeau gardé, d'après les ordres de Son Excellence le gouverneur, par un détachement du 91ᵉ régiment d'infanterie anglaise, commandé par le lieutenant Barney, chargé d'en écarter toute personne qui n'aurait pas été désignée par l'un de nous comme devant assister à la cérémonie ou prendre part aux travaux.

Sont alors entrés dans l'enceinte réservée ainsi autour du tombeau :

Du côté de la France :

M. le baron de Las-Cases, membre de la chambre des députés, conseiller d'Etat; M. le baron Gourgaud, lieutenant général, aide de camp du Roi; M. Marchand, l'un des exécuteurs testamentaires de l'Empereur; M. le comte Bertrand, lieutenant général, accompagné de M. Arthur Bertrand, son fils; M. l'abbé Félix Coquereau, aumônier de la frégate la *Belle-Poule*, et deux enfants de chœur; MM. Saint-Denis, Noverraz, Archambauld, Pierron, anciens serviteurs de l'Empereur; M. Guyet, capitaine de corvette, commandant la corvette la *Favorite;*

M. Charner, capitaine de corvette, commandant en second de la frégate la *Belle-Poule*; M. Doret, capitaine de corvette, commandant le brick l'*Oreste*; M. le docteur Guillard, chirurgien-major de la frégate la *Belle-Poule*, suivi du sieur Leroux, ouvrier plombier;

Et du côté de l'Angleterre :

Son honneur le grand-juge William Wilde, membre du conseil colonial de l'île de Sainte-Hélène; l'honorable Hamelin-Trelawnay, lieutenant-colonel, commandant l'artillerie et membre du conseil; l'honorable colonel Hodson, membre du conseil; M. H. Seale, secrétaire colonial du gouvernement de Sainte-Hélène et lieutenant-colonel de la milice; M. Edward-Littlehales, lieutenant de la marine royale, commandant la goëlette de S. M. B. *Dolphin*, représentant la marine; M. Darling, qui avait surveillé les travaux de la sépulture de l'Empereur. Les personnes destinées à diriger et à exécuter les travaux ont été ensuite admises.

Alors, en notre présence, et en celle des seules personnes ci-dessus désignées, il a été constaté que le tombeau était parfaitement intact; et, dans le plus grand silence, les premiers travaux ont commencé entre minuit et une heure du matin.

Nous avons fait d'abord enlever la grille en fer qui entourait le tombeau avec les fortes couches de pierres cramponnées sur lesquelles elle était scellée; on a pu entamer alors la surface extérieure de la tombe, laquelle recouvrant un espace de 3 mètres 46 centimètres (11 pieds 6 pouces anglais) de longueur, sur 2 mètres 42 centimètres (8 pieds 1 pouce) de largeur était composée de trois dalles de 15 centimètres (6 pouces) d'épaisseur, encadrées dans une seconde bordure de maçonnerie. A une heure et demie cette première couche était entièrement enlevée.

Il s'est présenté alors un mur rectangulaire formant, comme nous avons pu le vérifier plus tard, les quatre faces latérales d'un caveau, ayant 3 mètres 30 centimètres (11 pieds) de profondeur, et 1 mètre 40 centimètres (4 pieds 8 pouces) de largeur, et 2 mètres 40 centimètres (8 pieds) de longueur. Ce caveau était entièrement rempli de terre jusqu'à une distance de 15 centimètres (6 pouces) environ de la couche de dalles déjà enlevée. Après avoir creusé dans ce caveau et en avoir retiré la terre, on a rencontré à une profondeur de 2 mètres 5 centimètres (6 pieds 10 pouces) une couche horizontale de ciment romain s'étendant sur tout l'espace compris entre les murs du caveau auxquels elle adhérait hermétiquement. Cette couche ayant été, à trois heures, complétement découverte, les soussignés commissaires sont descendus dans le caveau, et l'ont reconnu parfaitement intact de toutes parts et sans lésion aucune; la couche de ciment susmentionnée ayant été percée, on s'est assuré qu'elle en couvrait une autre de 27 centimètres (10 pouces) d'épaisseur, en moellons liés ensemble par des tenons de fer, et qui n'ont pu être entièrement enlevés qu'après quatre heures et demie de travail.

L'extrême difficulté de cette opération a décidé le soussigné commissaire anglais à faire creuser une fosse sur le côté gauche du caveau et à en abattre le mur correspondant, à l'effet de parvenir ainsi jusqu'au cercueil, dans le cas où la couche supérieure opposerait une trop forte résistance aux efforts tentés simultanément pour la percer. Mais celle-ci se trouvant entièrement enlevée vers huit heures du matin, les travaux du fossé latéral, parvenus à la profondeur de 1 mètre 50 centimètres (5 pieds), furent abandonnés. Immédiatement au-dessous de la couche ainsi démolie, nous avons trouvé une forte dalle ayant 1 mètre 98 centimètres (6 pieds 7 pouces 1|2) de long, 90 centimètres (3 pieds) de large, et 12 centimètres (5 pouces) d'épaisseur, formant, comme nous en avons acquis la certitude plus tard, le recouvrement du sarcophage intérieur en pierres de taille contenant le cercueil. Cette dalle, parfaitement intacte, était encadrée dans une bordure de moellons et de ciment romain, fortement liée aux parois du caveau. Cette dernière maçonnerie ayant été défaite avec soin, et deux boucles ayant été fixées sur la dalle, à neuf heures et demie tout a été prêt pour l'ouverture du sarcophage. Alors le docteur Guillard a purifié la tombe au moyen d'aspersions de chlorure, et la dalle a été, par ordre du soussigné commissaire anglais, soulevée à l'aide d'une chèvre et déposée sur le bord de la tombe. Dès que le cercueil a paru, tous les assistants se sont découverts, M. l'abbé Coquereau a répandu l'eau bénite et récité le *De profundis*.

Les soussignés commissaires sont ensuite descendus pour visiter le cercueil, qu'ils ont trouvé bien conservé, sauf une petite portion de la partie inférieure, laquelle, quoique reposant sur une forte dalle, elle-même appuyée sur des pierres de taille, était légèrement altérée. Quelques précautions sanitaires ayant été de nouveau prises par le chirurgien, un exprès fut alors envoyé à son excellence le gouverneur pour l'informer des progrès de l'opération, et le cercueil a été retiré avec des crochets et des bricoles, et transporté avec soin sous une tente dressée pour le recevoir. A ce moment, M. l'aumônier a fait la levée du corps, conformément aux rites de l'église catholique.

Les soussignés commissaires sont ensuite descendus dans le sarcophage qu'ils ont reconnu être dans un état parfait de conservation et entièrement conforme aux descriptions officielles de la sépulture.

Vers onze heures, le soussigné commissaire français s'étant assuré préalablement que Son Excellence le gouverneur avait autorisé l'ouverture des cercueils de l'Empereur, conformément à des arrangements déjà arrêtés à l'avance, nous avons fait enlever avec précaution le premier cercueil dans lequel nous avons trouvé un cercueil de plomb en bon état que nous avons fait placer dans celui qui était envoyé de France. Son Excellence le gouverneur, accompagné de son état-major, le lieutenant Middlemore, aide-de-camp et secrétaire militaire, et le capitaine Barnes, major de la place, sont entrés dans la tente pour être présents à l'ouverture des cercueils intérieurs. On a coupé alors et soulevé avec le plus grand soin la partie supérieure du cercueil de plomb dans lequel on a trouvé un nouveau cercueil de bois, lui-même en très bon état et répondant aux descriptions et aux souvenirs des personnes présentes qui avaient assisté à la sépulture. Le couvercle du troisième cercueil ayant été enlevé, il s'est présenté une garniture de fer-blanc légèrement oxidé ; laquelle ayant été également coupée et retirée, a laissé voir un drap de satin blanc ; ce drap a été soulevé avec la plus grande précaution par les mains seules du docteur, et le corps entier de Napoléon a paru. Les traits avaient assez peu souffert pour être immédiatement reconnus. Les divers objets déposés dans le cercueil ont été remarqués dans la position exacte ou ils avaient été placés; les mains singulièrement bien conservées, l'uniforme, les ordres, le chapeau, fort peu altérés, toute la personne enfin semblait attester une inhumation récente. Le corps n'est resté exposé à l'air que pendant les deux minutes au plus nécessaires au chirurgien pour prendre les mesures prescrites par ses instructions à l'effet de les préserver de toute altération ultérieure.

Le cercueil en fer-blanc et le premier cercueil en bois ont été immédiatement renfermés ainsi que le cercueil en plomb ; celui-ci a été ressoudé avec le plus grand soin, sous la direction de M. le docteur Guillard, et fortement fixé par des coins dans le nouveau cercueil de plomb envoyé de Paris, lequel a été également soudé hermétiquement. Le nouveau cercueil en ébène a été alors fermé, et la clef remise au commissaire français.

Alors le soussigné commissaire anglais a déclaré au commissaire français que, les travaux de l'exhumation étant terminés, il était autorisé, par Son Excellence le gouverneur, à le prévenir que le cercueil contenant, comme il venait de l'être dûment constaté, les restes mortels de Napoléon serait considéré comme à la disposition du gouvernement français, du moment où il aurait atteint le lieu du débarquement vers lequel il allait être dirigé sous les ordres personnels de Son Excellence le gouverneur.

Le soussigné commissaire français a répondu qu'il était chargé d'accepter ce cercueil au nom de son gouvernement, et qu'il était prêt, ainsi que toutes les personnes composant la mission française, à l'accompagner jusqu'au quai de Jame's-Town, où S. A. R. Mgr. le prince de Joinville, commandant supérieur de l'expédition, était dans l'intention de se présenter pour le recevoir des mains de Son Excellence le gouverneur, et le conduire solennellement à bord de la frégate française la *Belle-Poule*, chargée de le ramener en France.

Le cercueil a été placé sur un char funèbre recouvert lui-même d'un manteau impérial présenté par le soussigné commissaire français, et à trois heures et demie de l'après-midi, le cortège s'est mis en marche dans l'ordre suivant, sous le commandement de Son Excellence le gouverneur, auquel une grave indisposition n'avait pas permis d'assister aux travaux de la nuit :

Le régiment de milice de Sainte-Hélène, sous les ordres du lieutenant colonel Seale.

Le détachement du 91° régiment d'infanterie anglaise, commandé par le capitaine Blackwell ; la musique de la milice, M. l'abbé Coquereau avec deux enfants de chœur.

Le char conduit par un détachement de l'artillerie royale ; les coins du drap mortuaire portés par MM. le lieutenant général comte Bertrand, le lieutenant général baron Gourgaud, le baron de Las-Cases et Marchand.

MM. Saint-Denis, Noverraz, Archambauld, Pierron.

Le soussigné commissaire français conduisant le deuil, ayant à ses côtés MM. les capitaines Guyet et Charner.

M. Arthur Bertrand, suivi de M. Coursot, ancien serviteur de l'Empereur, MM. le capitaine Doret et le docteur Guillard.

Les autorités civiles, maritimes et militaires de l'Ile, d'après leur rang.

S. E. le gouverneur, accompagné de Son Honneur le grand juge et du colonel Hodson, membres du conseil.

Une compagnie d'artillerie royale.

Les principaux habitants de l'Ile en grand deuil.

Pendant toute la marche, les forts ont tiré le canon de minute en minute.

Parvenu à Jame's-Town, le char a défilé lentement entre deux haies de soldats de la garnison, appuyés, en signe de deuil, sur leurs armes renversées, qui s'étendaient depuis l'entrée de la ville jusqu'au lieu de l'embarquement.

A cinq heures et demie, le cortège est arrivé à l'extrémité du quai. Là, S. A. R. Mgr. le prince de Joinville, accompagné de son aide de camp, M. le capitaine de vaisseau Hernoux, membre de la chambre des députés, et entouré des états-majors des trois bâtimens de guerre français, la *Belle-Poule*, la *Favorite* et l'*Oreste*, a reçu de S. Exc. le gouverneur le cercueil impérial, qui a été immédiatement embarqué sur la chaloupe disposée à l'avance pour cette cérémonie, et conduit solennellement à bord de la *Belle-Poule*, par le prince, avec tous les honneurs souverains.

En foi de quoi, nous commissaires susdénommés, avons dressé le présent procès-verbal, et l'avons revêtu du cachet de nos armes.

Fait double entre nous à Sainte-Hélène, le 15 du mois d'octobre de l'an de grâce 1840.

L. S. Ph. de Rohan-Chabot. — L. S. Alexander.
Confirmé, Middlemore.

Les commissaires susdénommés ayant arrêté définitivement et signé cet acte, le commissaire anglais a consenti, sur la demande expresse du commissaire français, à ce que les principales personnes qui ont assisté, de la part de la France, à l'exhumation de l'Empereur Napoléon, fussent invitées à attacher leurs signatures comme témoins au présent exemplaire.

Les témoins ont signé : Bertrand, le lieutenant-général Gourgaud, baron de Las-Cases, Marchand, Coquereau, Arthur Bertrand, Guyet, Charner, Doret, Guillard.

Pour copie conforme,

PH. DE ROHAN-CHABOT.

IV.

Procès-verbal du docteur Guillard.

Je soussigné Guillard (Remy-Julien), docteur en médecine, chirurgien-major de la frégate la *Belle-Poule*, m'étant rendu, dans la nuit du 14 au 15 octobre 1840, sur l'invitation de M. le comte de Rohan-Chabot, commissaire du Roi, à la vallée du Tombeau, île de Sainte-Hélène, pour assister à l'exhumation des restes de l'Empereur Napoléon, en ai dressé le présent procès-verbal :

Pendant les premiers travaux, il n'a point été pris de précautions sanitaires ; aucune exhalaison méphitique n'est sortie des terres que l'on remuait, ni du caveau dont on faisait l'ouverture.

Le caveau ayant été ouvert, j'y suis descendu : au fond était le cercueil de l'Empereur; il reposait sur une large dalle, assise elle-même sur des montants en pierre. Les planches en acajou qui le formaient avaient encore leur couleur et leur dureté, excepté celles du fond qui, garnies de velours, présentaient un peu d'altération dans les couches superficielles. On ne voyait à l'entour aucun corps solide ni liquide. Quant aux parois du caveau, elles n'offraient pas la plus légère dégradation, çà et là quelques traces d'humidité.

M. le commissaire du Roi m'ayant engagé à ouvrir les cercueils intérieurs, j'ai dû les soumettre d'abord à quelques mesures sanitaires; immédiatement après j'ai procédé à leur ouverture. La caisse extérieure était fermée par de longues vis, il a fallu les couper pour enlever le couvercle; dessous était une caisse en plomb, close de toutes parts, qui enveloppait une autre caisse en acajou parfaitement intacte; venait enfin une quatrième caisse en fer-blanc dont le couvercle était soudé sur les parois qui se repliaient en dedans. La soudure a été coupée lentement et le couvercle enlevé avec précaution; alors j'ai vu un tissu blanchâtre qui cachait l'intérieur du cercueil et empêchait d'apercevoir le corps; c'était du satin ouaté, formant une garniture dans l'intérieur de cette caisse. Je l'ai soulevé par une extrémité, et, le roulant sur lui-même des pieds à la tête, j'ai mis à découvert le corps de Napoléon, que j'ai reconnu aussitôt, tant son corps était bien conservé, tant sa tête avait de vérité dans son expression.

Quelque chose de blanc qui semblait détaché de la garniture couvrait, comme d'une gaze légère, tout ce que renfermait le cercueil. Le crâne et le front, qui adhéraient fortement au satin, en étaient surtout enduits; on en voyait peu sur le bas de la figure, sur les mains, sur les orteils. Le corps de l'Empereur avait une position aisée; c'était celle qu'on lui avait donnée en le plaçant dans le cercueil; les membres supérieurs étaient allongés, l'avant-bras et la main gauche appuyant sur la caisse correspondante, les membres inférieurs légèrement fléchis. La tête un peu élevée, reposait sur un coussin; le crâne volumineux, le front haut et large se présentaient couverts de téguments jaunâtres, durs et très adhérents. Tel paraissait aussi le contour des orbites, dont le bord supérieur était garni de sourcils. Sous les paupières se dessinaient les globes oculaires, qui avaient perdu peu de chose de leur volume et de leur forme. Ces paupières, complètement fermées, adhéraient aux parties sous-jacentes et se présentaient dures sous la pression des doigts. Quelques cils se voyaient encore à leur bord libre. Les os propres du nez et les téguments qui les couvrent étaient bien conservés, le lobe et les ailes seuls avaient souffert. Les joues étaient bouffies. Les téguments de cette partie de la face se faisaient remarquer par leur toucher doux, souple et leur couleur blanche; ceux du menton étaient légèrement bleuâtres. Ils empruntaient cette teinte à la barbe qui semblait avoir poussé après la mort. Quant au menton lui-même, il n'offrait point d'altération et conservait encore ce type propre à la figure de Napoléon. Les lèvres amincies étaient écartées, trois dents incisives, extrêmement blanches, se voyaient sous la lèvre supérieure qui était un peu relevée à gauche. Les mains ne laissaient rien à désirer; nulle part la plus légère altération. Si les articulations avaient perdu leurs mouvements, la peau semblait avoir conservé cette couleur particulière qui n'appartient qu'à ce qui a vie. Les doigts portaient des ongles longs, adhérents et très blancs. Les jambes étaient renfermées dans les bottes; mais par suite de la rupture des fils, les quatre derniers orteils dépassaient de chaque côté. La peau de ces orteils était d'un blanc mat et garni d'ongles. La région antérieure du thorax était fortement déprimée dans la partie moyenne, les parois du ventre dures et affaissées. Les membres paraissaient avoir conservé leurs formes sous les vêtements qui les couvraient; j'ai pressé le bras gauche, il était dur et avait diminué de volume. Quant aux vêtements, ils se présentaient avec leurs couleurs : ainsi on reconnaissait parfaitement l'uniforme de chasseurs à cheval de la vieille garde, au vert foncé de l'habit, au rouge vif des parements; le grand cordon de la Légion-d'Honneur se dessinant sur le gilet, et la culotte blanche cachée en partie par le petit chapeau qui reposait sur les cuisses. Les épaulettes, la plaque et les deux décorations attachées sur la poitrine n'avaient plus leur brillant, elles étaient noircies. La couronne d'or de la croix d'officier de la Légion-d'Honneur seule avait conservé son éclat. Des vases d'argent apparaissaient entre les jambes ; un d'eux, surmonté d'un aigle, s'élevait entre les genoux ; je le trouvai intact et fermé. Comme il existait des adhérences assez fortes entre ces vases et les parties voisines qui les couvraient un peu, M. le commissaire du Roi n'a pas cru devoir les déplacer pour les examiner de plus près.

Tels sont les seuls détails qué m'ait permis d'enregistrer, sur les restes mortels de l'Empereur Napoléon, un examen qui n'a duré que deux minutes. Ils sont incomplets, sans doute, mais ils suffisent pour constater un état de conservation plus parfait que je n'étais fondé à l'attendre d'après les circonstances connues de l'autopsie et de l'inhumation. Ce n'est point ici le lieu d'examiner les causes nombreuses qui ont pu arrêter à ce point la décomposition des tissus ; mais nul doute que l'extrême solidité de la maçonnerie du tombeau et les soins apportés à la confection et à la soudure des cercueils métalliques n'aient contribué puissamment à produire ce résultat. Quoi qu'il en soit, j'ai dû redouter pour ces restes le contact de l'air atmosphérique, et, convaincu que le meilleur moyen d'en assurer la conservation était de les soustraire à son action destructive, je me suis rendu avec empressement aux invitations de M. le commissaire du Roi, qui demandait que l'on fermât les cercueils.

J'ai remis à sa place le satin ouaté, après l'avoir légèrement enduit de créosote ; j'ai fait fermer hermétiquement les caisses en bois, et souder avec le plus grand soin les caisses en métal.

Les restes de l'Empereur Napoléon sont aujourd'hui dans six cercueils.

1° Un cercueil en fer-blanc ;

2° Un cercueil en bois d'acajou ;

3° Un cercueil en plomb ;

4° Un second cercueil en plomb, séparé du précédent par de la sciure et des coins de bois ;

5° Un cercueil en bois d'ébène ;

6° Un cercueil en bois de chêne, qui protège le cercueil en ébène.

Fait à l'Ile de Sainte-Hélène, le 15 du mois d'octobre 1840.

REMY GUILLARD, docteur médecin.

Le commissaire du Roi,

PH. DE ROHAN-CHABOT.

V.

Paroles prononcées par le capitaine du génie Alexander, commissaire de S. M. Britannique, en remettant au commissaire du Roi des Français, le 15 octobre 1840, le cercueil de Napoléon.

Monsieur,

En ma qualité d'officier député par son excellence le gouverneur, major-général Middlemore, Companion du Bain, et commandant les forces à Sainte-Hélène pour exhumer et pour remettre à vous, M. le comte Philippe de Chabot, commissaire du roi des Français, en présence des principales autorités navales, civiles et militaires, ce cercueil contenant, comme il vient de l'être dûment constaté, les restes mortels de feu l'Empereur Napoléon, j'ai terminé, conjointement avec vous, l'exhumation, et vu les restes déposés et renfermés avec soin dans le sarcophage envoyé à cet effet à Sainte-Hélène. Je n'ai plus, monsieur, pour accomplir les devoirs de ma commission, qu'à vous déclarer que lesdits restes seront à la disposition du gouvernement français, au moment où ils auront atteint le lieu d'embarquement vers lequel ils vont être dirigés sous les ordres de son excellence le major-général Middlemore, gouverneur, companion du Bain, et commandant des forces de sa majesté de Sainte-Hélène.

Signé CH. ALEXANDER,
Capitaine au corps royal du génie.

VI.

Réponse du Commissaire français.

Monsieur,

En ma qualité de commissaire nommé par sa majesté le roi des Français, pour présider, en son nom, à l'exhumation et à la translation des restes mortels de l'Empereur Napoléon, j'accepte de vos mains ce cercueil contenant la dépouille mortelle de Napoléon, inhumée à Sainte-Hélène le 8 mai 1821. Je suis prêt, quand vous le jugerez convenable, ainsi que toutes les personnes composant la mission française, à le suivre, avec vous, jusqu'au quai de Jame's-Town, où son altesse royale monseigneur le prince de Joinville, commandant supérieur de l'expédition, est dans l'intention de se présenter pour le recevoir et le conduire solennellement à bord de la frégate la *Belle-Poule*, chargée de le rapporter en France.

Signé PH. DE ROHAN-CHABOT.

VII.

Ordre du jour de S. A. R. le prince de Joinville, en date du 13 octobre 1840.

(EXTRAIT DES JOURNAUX DE LA BELLE-POULE.)

Frégate la *Belle-Poule*, au mouillage de Jame's-Town, île Sainte-Hélène.

Le jour de l'exhumation des restes de l'Empereur ayant été fixé au jeudi 15 de ce mois, les dispositions suivantes seront prises à l'occasion de cette grande solennité.

1° MM. les capitaines des bâtiments sur rade et M. le capitaine de corvette Charner, se rendront jeudi, à une heure du matin, au lieu de l'inhumation, afin d'y assister en qualité de témoins.

Ils prendront ensuite dans le cortège la place qui leur sera assignée par M. le commissaire du Roi; arrivés à la plage, ils rallieront leurs états-majors respectifs.

M. l'abbé Coquereau, aumonier de la frégate, et M. le docteur Guillard, chirurgien-major, se mettront aussi à la disposition de M. le commissaire du Roi; ils emmèneront avec eux deux des hommes de l'équipage qui pourront être nécessaires à leur service.

Nulle autre personne appartenant aux bâtiments de la division ne pourra se rendre à terre.

Il est important de constater que la cérémonie qui se fait à terre est toute anglaise, et que, d'après les ordres du gouvernement du Roi, les honneurs dus aux têtes couronnées ne seront rendus par nous aux restes de l'Empereur Napoléon que lorsque, remis entre nos mains, ils seront placés sous le pavillon français.

2° Jeudi, à huit heures du matin, les bâtiments hisseront sans coups de fusil : 1° le pavillon de poupe à mi-corne ; 2° un pavillon national à chaque mât, amené jusqu'aux barres de perroquet ; les vergues seront mises en pantenne, c'est-à-dire que le phare de l'avant sera apiqué sur tribord ; les balancines de babord pesées de manière que les vergues fassent avec le mât un angle de près de 45° ; le ou les phares de l'arrière seront apiqués sur babord. Les vergues apiquées, on les fera rectifier, afin de les tenir parallèles. (Les balancines devront être disposées de manière qu'au signal donné, on puisse remettre en croix sans tâtonnement).

3° A partir du moment ou le cortége quittera le tombeau, un coup de canon sera tiré de minute en minute par la frégate seule.

4° Lorsque le cercueil arrivera dans la ville, la chaloupe destinée à recevoir les restes de l'Empereur Napoléon poussera du bord précédée de deux canots, contenant MM. les officiers et élèves de la frégate ; deux canots partiront alors de chaque navire et transporteront à la plage MM. les officiers et élèves de ces bâtiments, un seul officier restant à bord de chaque navire. (À bord de la frégate, il y aura un officier et un élève.)

La chaloupe s'amarrera au moyen de grapins mouillés à l'avance, l'arrière à la cale par où l'on doit embarquer le cercueil : les canots, après avoir débarqué les officiers, iront former une ligne parallèle au quai ; dix brasses de l'avant de la chaloupe, l'arrière présenté au quai, les canots de la *Belle-Poule* au centre, ceux de la *Favorite* à tribord, et ceux de l'*Oreste* à babord.

MM. les officiers se formeront en double haie, à l'approche du cercueil, sur le chemin qu'il aura à parcourir pour arriver à la cale. La musique de la frégate, conduite par un canot de service, sera débarquée derrière MM. les officiers.

Lorsque le cercueil arrivera, tout le monde se découvrira; les canonniers mâteront les avirons, et le plus grand silence sera observé.

Le cercueil sera alors descendu du char funèbre; il sera porté à bras jusqu'à la chaloupe par l'équipage de la chaloupe, et déposé dans la chambre.

MM. les officiers se rembarqueront dans les canots qui les auront amenés.

Dans la chaloupe, M. le commandant Guyet se placera devant; seront seuls admis dans la chambre de la chaloupe, aux côtés du cercueil: MM. le général Bertrand, le général Gourgaud, de Las-Cases, Marchand, de Chabot, et M. l'abbé.

Je serai à la barre avec M. le commandant Hernoux. MM. Denis, Archambauld, Noverraz et Pierron s'embarqueront avec MM. les officiers.

Alors la chaloupe, au mât de laquelle on aura hissé le pavillon royal, se mettra en marche pour le bord, précédée des deux canots de la *Favorite*, flanquée de ceux de la *Belle-Poule* et suivie de ceux de l'*Oreste*.

On nagera avec la plus grande lenteur.

5° Lorsque l'on verra des navires le cercueil arriver au quai, on veillera la frégate avec soin.

Au moment où le cercueil s'arrêtera à la plage, la frégate hissera ses couleurs, croisera ses vergues et pavoisera.

Les pavois, composés exclusivement de pavillons de signaux, iront au capelage de perroquet, bridés au bout de chaque vergue; les pavillons 3, 5, 13 et 15 de la tactique ne seront pas employés non plus que la flamme 4. On passera les garde-corps sur les vergues et on fera descendre tout le monde; tous les mouvements de la frégate seront aussitôt imités.

Dès que le pavillon sera arboré au mât de la chaloupe, on se disposera à saluer; lorsque la frégate sera parée, elle amènera son pavillon du mât d'artimon au capelage de perroquet, les autres navires en feront autant pour indiquer qu'ils sont parés. (L'*Oreste* fera un signal avec le pavillon du grand mât.)

La frégate rehissera son pavillon; elle enverra, on fera de même; les saluts seront de toute l'artillerie, tirés en feu de file aussi vite que possible, en faisant le tour du bâtiment, c'est à dire que les chefs et chargeurs, tenant les cordons des deux bords, on commande : « A tribord devant, commencez le feu! »

La première pièce tribord envoie son coup, immédiatement suivi de celui de la seconde tribord, et ainsi de suite; de la dernière pièce tribord, le feu passe à la dernière babord et remonte par babord; pour la frégate, lorsque le feu arrivera à trois pièces de l'avant, on commande le feu dans la batterie; mieux vaut un coup double qu'une lacune.

On rechargera, et lorsqu'on sera paré, on amènera encore les pavillons; dès qu'ils seront tous les trois amenés, on rehissera et l'on enverra encore; la troisième fois, même répétition.

A ce moment, on enverra les hommes sur les vergues, où, en commandant face à l'avant ou face à l'arrière, on les maintiendra suivant l'évitage du bâtiment, le visage tourné vers la chaloupe; lorsque la chaloupe accostera la frégate, les hommes feront face au cabestan lorsque le commandement en sera fait; on ne criera point et l'on dégarnira les vergues en même temps que la frégate.

6° Lorsque la chaloupe approchera, les canots la devanceront, accosteront à babord, et MM. les officiers et élèves monteront à bord. Ils se formeront en double haie à tribord, couverts et le sabre à la main, depuis la coupée jusqu'au catafalque disposé sur le panneau du dôme. Ces messieurs se rangeront par ordre de grade et d'ancienneté.

A babord, une garde de 60 hommes commandés par M. Tendros (ordre du ministre) présentera les armes; on battra aux champs, la musique placée à la droite de la garde jouant en même temps, lorsque le cercueil, embarqué sur le pont, sera porté à bras de la coupée au catafalque. Le cercueil déposé, MM. les officiers rengaîneront, et, se plaçant derrière le cabestan, ils assisteront à l'absoute. Moitié de la garde passera sur le gaillard d'arrière de babord, la musique se placera sur la dunette; lorsque l'absoute sera finie, on fera rompre; quatre factionnaires seront placés aux coins du catafalque, et l'officier de quart restera en grande tenue. MM. les officiers retourneront à leurs bords respectifs.

Les pavois et les couleurs ne seront pas amenés par la frégate, qui les gardera toute la nuit; au jour, on les rectifiera. La *Favorite* et l'*Oreste* amèneront les pavois, mais ils garderont les couleurs et les pavillons en tête de mât.

Le corps restera ainsi en chapelle ardente jusqu'au lendemain; le gaillard d'arrière sera évacué, et l'officier de quart maintiendra le silence sur le pont.

Journée du 16.

Au jour, on ne lavera pas le gaillard d'arrière. A dix heures, les états-majors, les maîtres et une députation de soixante hommes de chaque navire se réuniront à bord de la frégate pour assister au service funèbre solennel. Chacun sera placé par les soins de M. Touchard, mon officier d'ordonnance. Après la messe on se retirera; le cercueil sera descendu dans la chapelle, et tout reprendra son cours accoutumé.

La *Favorite* et l'*Oreste* mettront leurs vergues en pantenne et leur pavillon à mi-mât à huit heures, et, à partir du commencement de la messe, ils tireront un coup de canon de minute en minute alternativement.

Favorite, un coup de canon; intervalle d'une minute.

Oreste, un coup de canon ; nouvel intervalle d'une minute, et ainsi de suite pendant toute la messe.

Après la messe on cessera le feu.

Lorsque le corps aura été descendu dans son caveau; la frégate amènera ses pavois et ne conservera qu'un pavillon garni de crêpe au grand mât. Les autres navires feront alors une dernière salve de toute leur artillerie, croiseront, rehisseront les pavillons de poupe et amèneront ceux des mâts.

Tous ces mouvements, les seuls que l'on aura à faire, seront indiqués au moyen du pavillon du mât d'artimon.

1° Huit heures. . . . . Amener le pavillon du mât d'artimon et le rehisser ;

2° commencement de la messe; idem.

3° cesser le feu. idem.

4° saluer, croiser, etc. Amener le pavillon du mât d'artimon.

Ce dernier signal signifie : (Préparez-vous.)

Amener les pavois, signifie : (Envoyez.)

Dans toutes ces cérémonies, MM. les officiers seront en grande tenue, habits boutonnés, pantalons bleus à bandes, crêpe au bras, au sabre et au gland du chapeau ; MM. les élèves seront également en grande tenue et chapeau, crêpe au bras et au sabre.

Les équipages de canots qui iront à terre seront en blanc, pantalon et chemise, chapeau noir, avec le crêpe au bras, sur la chemise ; le reste des équipages sera en grande tenue, dite paletot n° 1, pantalon blanc, cravate et chapeau noirs.

Le capitaine de vaisseau, commandant,

F. D'ORLÉANS.

Supplément à l'ordre du jour du 12 *octobre* 1840.

Frégate la *Belle-Poule*, 14 octobre 1840.

S. A. R. monseigneur le prince de Joinville, commandant l'expédition, désirant associer les deux navires de commerce français qui se trouvent sur la rade de Jame's-Town à la solennité de la translation des restes de l'Empereur Napoléon à bord de la frégate la *Belle-Poule*, MM. les capitaines sont invités à observer les dispositions suivantes :

Demain 15 octobre, à huit heures du matin, on hissera le pavillon de poupe à mi-corne, et un pavillon national à chaque mât, amené jusqu'aux barres ; les vergues seront mises en pantenne.

On croisera les vergues et l'on pavoisera en même temps que la frégate. Les couleurs seront hissées à joindre.

On conservera les couleurs hautes pendant toute la nuit.

Le lendemain 16, à huit heures du matin, on remettra les vergues en pantenne, et l'on amènera les pavillons à mi-mât.

Après le service funèbre, les vergues seront croisées et les pavillons de poupe hissés à joindre, on amènera ceux des mâts.

MM. les capitaines, avec leurs officiers et passagers de chambre français, sont invités à assister à la cérémonie funèbre du 15 ; ils porteront le crêpe au bras et au chapeau ; ils auront soin de se trouver à bord avant l'arrivée de la chaloupe qui portera le cercueil ; ils accolleront à babord et feront pousser leurs canots au large.

MM. les capitaines sont aussi invités à assister au service funèbre du 16 qui commencera à dix heures ; ils pourront amener pour cette cérémonie une députation des hommes de leurs équipages en grande tenue.

Par ordre de S. A. R. monseigneur le prince de Joinville,

L'aide de camp de service, TOUCHARD.

VIII.

Ordres généraux du gouverneur de l'Ile.

Quartier général de Sainte-Hélène. Plantation, le 13 octobre 1840.

Quand les opérations de l'ouverture du tombeau seront terminées, et dès que l'officier commandant le corps royal du génie aura annoncé que toutes les dispositions sont prises, pour la translation des restes mortels de feu l'Empereur Napoléon, sur un char préparé à cet effet, l'exhumation et la translation du tombeau au quai auront lieu dans l'ordre suivant, le jeudi 15 de ce mois :

Un détachement composé d'un sous-officier et de douze soldats de l'artillerie royale sera stationné pour la conduite des chevaux et du char : quatre pour les chevaux, et huit sur les côtés du char.

Le détachement du 91e régiment de S. M. se formera sur la route de Longwood par sections de compagnies, la droite à la hauteur du point d'intersection avec la route qui conduit au tombeau.

Quand le cercueil renfermant les restes mortels de feu l'Empereur Napoléon aura été placé sur le char, le cortége suivra la route qui conduit à celle de Jame's-Town.

Le canon sera tiré de minute en minute du moment où le cortége aura quitté le tombeau et sera devenu visible pour l'officier stationné à High-Knoll. Quand le cortège sera parvenu à l'entrée de la ville, le canon des remparts de Jame's-Town tirera de minute en minute. Ce feu cessera dès que le cortège aura atteint le quai, et quand le cercueil sera descendu dans la chaloupe de S. A. R. le prince de Joinville, l'artillerie royale tirera le salut des remparts.

La milice de Sainte-Hélène se formera devant le char. Le détachement du 91ᵉ régiment suivra la milice.

Les personnes qui doivent assister à la cérémonie et suivre le cortége, au nom de la France, seront priées de prendre les places qui leur seront indiquées par le comte Philippe de Chabot. Toutes les autorités militaires, civiles et navales de l'Ile sont invitées à accompagner le major-général. Les officiers porteront le crêpe noir au bras gauche.

Les officiers se placeront par quatre auprès de la dernière section du 91ᵉ régiment; les officiers supérieurs fermeront la marche.

Toutes les personnes de l'Ile (*gentlemen*) qui désirent suivre le cortège sont invitées à paraître en deuil.

Le cortège s'arrêtera à l'entrée de la ville, et le régiment de milice formera la haie en s'étendant vers la porte des Remparts, les hommes appuyés sur leurs armes renversées.

Le 91ᵉ régiment traversera les rangs et se formera sur les remparts.

Le char s'avancera à travers les rangs, et passera la porte des Remparts. Alors le 91ᵉ formera la haie, à partir du corps-de-garde (*sea gate guard*), les hommes appuyés sur leurs armes renversées, et le cortège s'avancera vers le quai.

La musique de la milice de Sainte-Hélène précédera le char

à travers la ville, en jouant une marche funèbre. Les tambours seront voilés de crêpe.

Par ordre de Son Excellence le major-général Middlemore, C. B., commandant les forces, etc., etc.

G. Barnes,
Major de la place.

IX.

ÉTAT

Nominatif des Officiers composant les états-majors des bâtiments présents à Sainte-Hélène, le jour de l'exhumation des cendres de l'Empereur.

FRÉGATE LA *BELLE-POULE.*

S. A. R. Monseigneur le prince de Joinville, capitaine de vaisseau, commandant.

MM. Hernoux (Claude-Charles-Etienne), capitaine de vaisseau, aide-de-camp de S. A. R.

Touchard (Philippe-Victor-Joseph), lieutenant de vaisseau, officier d'ordonnance de S. A. R.

Charner (Léon-Victor-Joseph), capitaine de corvette, commandant en second.

Le Guillou-Penanros (Théophile-Fortuné-Hyacinthe), lieutenant de vaisseau.

Penhoat (Jérôme-Hyacinthe), lieutenant de vaisseau.

Fabre-Lamaurelle (François-Marie-Sosthènes), lieutenant de vaisseau.

Bazin (Jean-Marie-Alexandre), enseigne de vaisseau.

Bonie (Charles-Joseph-Jacques-Benjamin), enseigne de vaisseau.

Chedeville (Alphonse), commis d'administration.

L'abbé Coquereau (Félix), aumônier.

Guillard (Julien-Bernard-Remy), chirurgien de première classe.

Roujoux (Antoine-Hippolyte), élève de première classe.

De Bovis (Esprit-Joseph-Edmond), id., id.

Godleap (Théophile-Louis-Henri), id., id.

Gervais (Alexandre-Charles-Gilbert), élève de seconde classe.

Jouan (Henri), élève de seconde classe.

D'Espagne de Venevelles (Jacques), élève de seconde classe.

Jauge (Louis-Edouard), élève de seconde classe.

De Suremain (Frédéric-Alexandre-Etienne), élève de seconde classe.

Perthuis (Edouard-Charles-Ernest-Marie), élève de seconde classe.

Bourdel (Charles-Hilarion), chirurgien de troisième classe.

Thibaut (Louis-Léon), chirurgien de troisième classe.

CORVETTE LA *FAVORITE*.

MM. Guyet (Charles-Jean-Baptiste), capitaine de corvette, commandant.

Lalia (Camille-Jean-Marie-Augustin), lieutenant de vaisseau.

Béral de Sedaiges (Martial-Théobald), enseigne de vaisseau.

Narbonne (Noël-Frédéric), enseigne de vaisseau.

JACQUES dit LAPIERRE (Simon-Louis), enseigne de vaisseau.

DE TROGOFF-COATTALIO (Charles-Louis), enseigne de vaisseau.

GILBERT-PIERRE (Octave-Bernard), commis d'administration.

ARLAUD (François-Charles-Joseph), chirurgien de seconde classe.

GUILLABERT (Louis-Victor), chirurgien de troisième classe.

FABRE (Jean-François-Marie), volontaire de la marine.

MEYNARD (Charles-Louis-Antoine-Octave-Dieudonné-Victor), élève de marine de deuxième classe.

FAGES (Martin-Esprit-Abel), volontaire de la marine.

BRICK L'*ORESTE*.

MM. DORET (Louis-Isaac), capitaine de corvette, commandant.

GACHOT (Pierre-Claude), lieutenant de vaisseau chargé du détail.

THOYON (Jean-Alfred), enseigne de vaisseau.

PUJOL (Louis-Joseph), id., id.

GICQUEL (Destouches-Alfred), enseigne de vaisseau.

LAINÉ (Edouard), commis d'administration.

BIONARD (Félix), chirurgien de seconde classe.

TURIN (Albert-Joseph), élève de première classe.

CELS (Eugène-Alexandre), volontaire de la marine.

AUBERT (Alexandre-Hyldevert, id., id.

MARQUER (Eugène), chirurgien de troisième classe.

FIN DES PIÈCES OFFICIELLES.

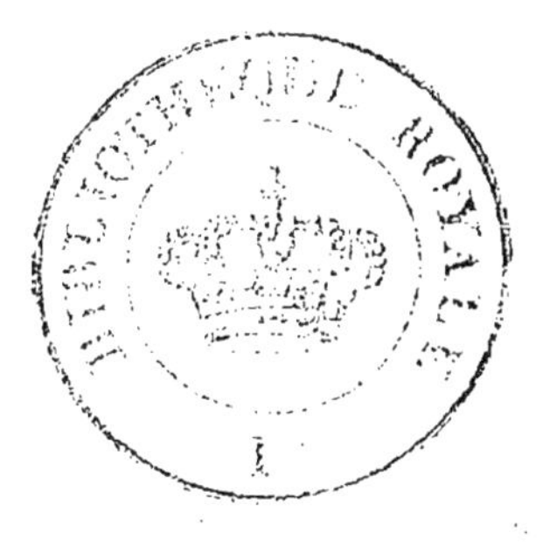

Dessiné par un Officier de la Belle Poule — *Lith. Rigo Frères . . .*

CERCUEIL DE L'EMPEREUR NAPOLÉON À BORD DE LA BELLE POULE

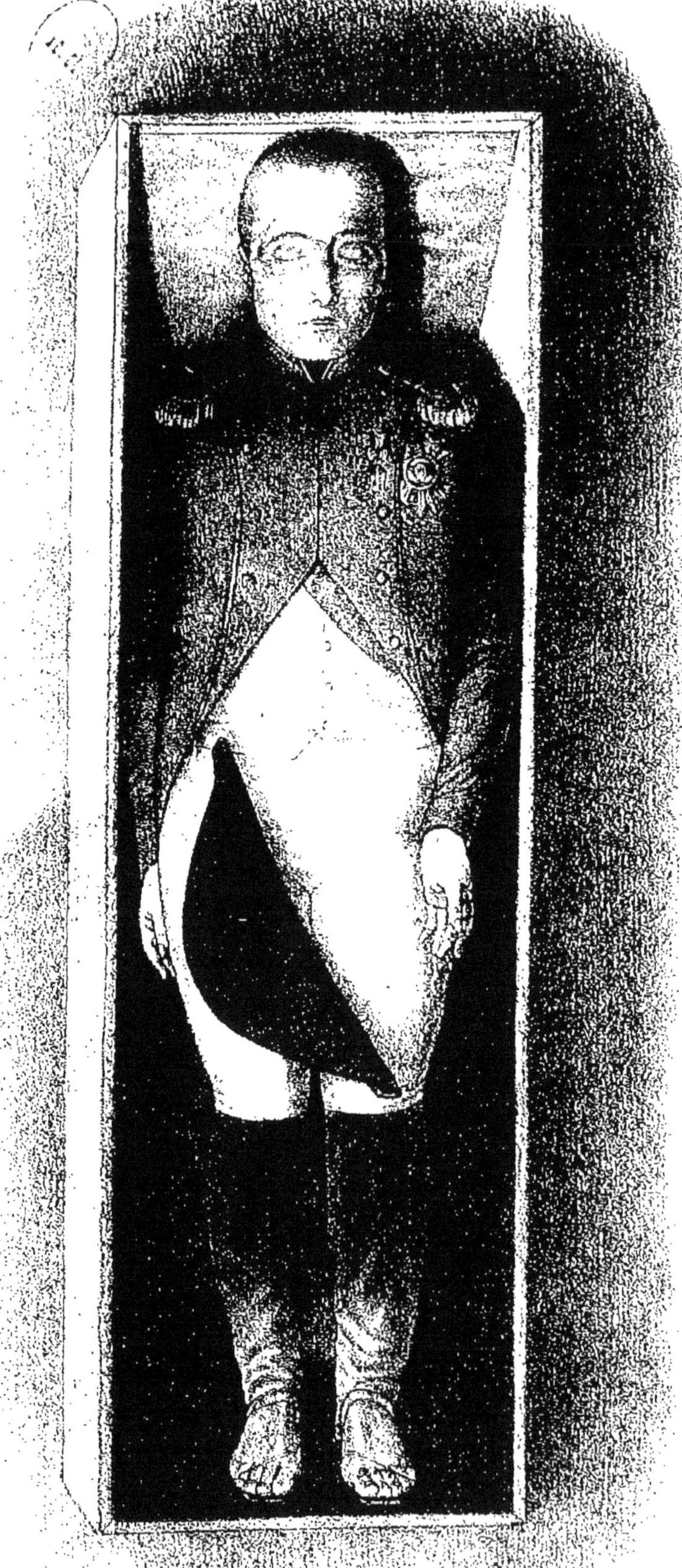

Plan et Coupe du Tombeau de
NAPOLÉON.
à Ste Hélène.

Coupe Verticale

N.B. Les mesures ci-dessous sont Anglaises

A Cercueil.

B Dalles de pierres blanches de 5 pouces d'épaisseur.

C Pierres de taille cramponées

D. Muraille de 2 pieds d'épaisseur.

E. Terre.

F. Deux Couches de Maçonnerie fortement cimentées en Ciment Romain et même fortifiées par des Crampons

G. Fragment de Grille.

Coupe Horizontale.

1. 2. 3 Mètres.

d'Après le Dessin Communiqué par Mr de LAS CASES

Dné par un Officier de la Belle Poule

Lith. Rigo Frères Pas. Saulnier 18

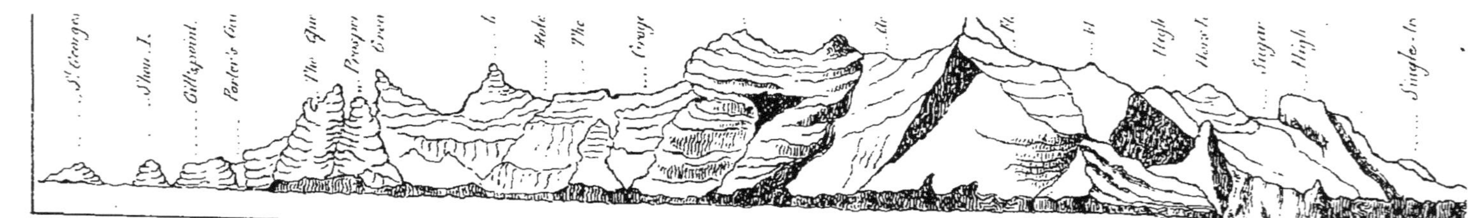

Ile de Ste Hélène. (Vue de 10 Milles S.W Q W)

www.ingramcontent.com/pod-product-compliance
Ingram Content Group UK Ltd.
Pitfield, Milton Keynes, MK11 3LW, UK
UKHW012210240726
13966UKWH00002B/671

9 782012 871038